高等职业教育精品示范教材（电子信息课程群）

软件测试技术

（第二版）

主　编　库　波　杨国勋

副主编　罗　炜　董　宁

主　审　王路群

U0194746

中国水利水电出版社
www.waterpub.com.cn

内 容 提 要

本书介绍了实用的软件测试技术。全书共分为 8 章，主要内容包括：软件测试基础知识、软件测试阶段、软件测试过程与管理、黑盒测试、白盒测试、性能测试、Web 应用测试和易用性测试等。

本书在软件测试技术内容的选取、概念的引入、文字的叙述以及案例和习题的选择等方面，都力求遵循面向应用、逻辑结构简明合理、由浅入深、深入浅出、循序渐进、便于自学的原则，突出其实用性与应用性。

本书可作为高职高专学校的计算机专业教材，也适合作为各校非计算机专业辅修计算机专业课程的教材，还可供从事计算机软件开发的科技人员自学参考。

本书配有电子教案，读者可以从中国水利水电出版社网站和万水书苑免费下载，网址为：
http://www.waterpub.com.cn/softdown/和 http://www.wsbookshow.com。

图书在版编目（ＣＩＰ）数据

软件测试技术 / 库波，杨国勋主编. -- 2版. -- 北京 : 中国水利水电出版社，2014.8（2021.2 重印）
高等职业教育精品示范教材 ：电子信息课程群
ISBN 978-7-5170-2134-6

Ⅰ．①软… Ⅱ．①库… ②杨… Ⅲ．①软件－测试技术－高等职业教育－教材 Ⅳ．①TP311.5

中国版本图书馆CIP数据核字(2014)第123255号

策划编辑：祝智敏 责任编辑：张玉玲 加工编辑：宋 杨 封面设计：李 佳

书　　　名	高等职业教育精品示范教材（电子信息课程群） **软件测试技术（第二版）**
作　　　者	主 编 库 波 杨国勋 副主编 罗 炜 董 宁 主 审 王路群
出版发行	中国水利水电出版社 （北京市海淀区玉渊潭南路 1 号 D 座　100038） 网址：www.waterpub.com.cn E-mail: mchannel@263.net（万水） 　　　　 sales@waterpub.com.cn 电话：（010）68367658（发行部）、82562819（万水）
经　　　售	北京科水图书销售中心（零售） 电话：（010）88383994、63202643、68545874 全国各地新华书店和相关出版物销售网点
排　　　版	北京万水电子信息有限公司
印　　　刷	三河市鑫金马印装有限公司
规　　　格	184mm×240mm　16 开本　15.25 印张　337 千字
版　　　次	2010 年 10 月第 1 版　2010 年 10 月第 1 次印刷 2014 年 8 月第 2 版　2021 年 2 月第 4 次印刷
印　　　数	5001—6000 册
定　　　价	32.00 元

高等职业教育精品示范教材（电子信息课程群）

丛书编委会

主　任　王路群

副主任　雷顺加　曹　静　江　骏　库　波

委　员　（按姓氏笔画排序）

于继武　卫振林　朱小祥　刘　芊

刘丽军　刘媛媛　杜文洁　李云平

李安邦　李桂香　沈　强　张　扬

罗　炜　罗保山　周福平　徐凤梅

梁　平　景秀眉　鲁　立　谢日星

鄢军霞　綦志勇

秘　书　祝智敏

I

序

为贯彻落实国务院印发的《关于加快发展现代职业教育的决定》，加快发展现代职业教育，形成适应发展需求、产教深度融合、中职高职衔接、职业教育与普通教育相互沟通的现代职业教育体系，我们在围绕中国职业技术教育学会研究课题的基础上、联合大批的一线教师和技术人员，共同组织出版"高等职业教育精品示范教材（电子信息课程群）"职业教育系列教材。

职业教育在国家人才培养体系中有着重要位置，以服务发展为宗旨，以促进就业为导向，适应技术进步和生产方式变革以及社会公共服务的需要，从而培养数以亿计的高素质劳动者和技术技能人才。紧紧围绕国家发展职业教育的指导思想和基本原则，编委会在调研、分析、实践等环节的基础上，结合社会经济发展的需求，设计并打造电子信息课程群的系列教材。本系列教材配合各职业院校专业群建设的开展，涵盖软件技术、移动互联、网络系统管理、软件与信息管理等专业方向，有利于建设开放共享的实践环境，有利于培养"双师型"教师团队，有利于学校创建共享型教学资源库。

本次精品示范系列教材的编写工作，遵循以下几个基本原则：

（1）体现就业为导向、产学结合的发展道路。学科和专业同步加强，按企业需要、按岗位需求来对接培养内容。既反映学科的发展趋势，又能结合专业教育的改革，且及时反映教学内容和教学体系的调整更新。

（2）采用项目驱动、案例引导的编写模式。打破传统的以学科体系设置课程体系、以知识点为核心的框架，更多地考虑学生所学知识与行业需求及相关岗位、岗位群的需求相一致，坚持"工作流程化"、"任务驱动式"，突出"走向职业化"的特点，努力培养学生的职业素养、职业能力，实现教学内容与实际工作的高仿真对接，真正以培养技术技能型人才为核心。

（3）专家教师共建团队，优化编写队伍。由来自于职业教育领域的专家、行业企业专家、院校教师、企业技术人员协同组合编写队伍，跨区域、跨学校来交叉研究、协调推进，把握行业发展和创新教材发展方向，融入专业教学的课程设置与教材内容。

（4）开发课程教学资源，推进专业信息化建设。从充分关注人才培养目标、专业结构布局等入手，开发补充性、更新性和延伸性教辅资料，开发网络课程、虚拟仿真实训平台、工作过程模拟软件、通用主题素材库以及名师讲义等多种形式的数字化教学资源，建立动态、共享的课程教材信息化资源库，服务于系统培养技术技能型人才。

电子信息类教材建设是提高电子信息领域技术技能型人才培养质量的关键环节，是深化职业教育教学改革的有效途径。为了促进现代职业教育体系建设，使教材建设全面对接教学改革、行业需求，更好地服务区域经济和社会发展，我们殷切希望各位职教专家和老师提出建议，并加入到我们的编写队伍中来，共同打造电子信息领域的系列精品教材！

丛书编委会
2014 年 6 月

II

再版前言

"软件测试"领域在当今社会发展得欣欣向荣,软件测试的培训火热,从业人数众多,测试方面的图书也是琳琅满目。四年前,《软件测试技术》第一版问世,深受读者喜爱,多次印刷。出版后,陆续收到读者的反馈,其中针对该书提出不少宝贵的意见。

为了不辜负读者的厚望,我们认真吸取读者的反馈意见,参考更多的资料,历时一年多,对第一版内容做了大量修改,虽然保持了第一版的整体结构,但对一些章节做出调整,完成《软件测试技术》(第二版)的编写。例如,将"黑盒测试"和"白盒测试"的基本内容从原来(第一版)第2、3章调整到现在的第4、5章;将软件测试阶段、软件测试过程与管理的内容添加到第2、3章,从测试项目管理角度来全面介绍测试各阶段和测试过程。第二版还删除了一些和测试内容关系不够紧密的内容,使本书更加专业,留出更大空间来介绍更多的软件测试知识和技术,使之跟上软件技术的发展,更贴近软件测试领域的实际应用,同时,本书在内容上更加完整,涵盖了实际测试工作中所需的各项技能。

本书在第1~4章中做出很大改动,加上前面所述的修改,使本书在内容组织上更加自然、合理,从基本概念到方法,再从方法到技术,逐步推进,使"软件测试"这门课程的学习达到最好的效果。另外,本书在测试工具应用上增加了分量,不仅提高了测试技术水平,而且涉及面更广,从单元测试、GUI功能测试到服务器的性能测试等各个方面,进行了更深入地讨论;在性能测试上也比第一版有更详细的介绍。

本书由库波、杨国勋担任主编,由罗炜、董宁担任副主编,由王路群担任主审,赵丙秀、袁晓曦、李文蕙、胡双参加编写。其中第1章由赵丙秀修订,第4章由李文蕙修订,第5章由袁晓曦修订,第6章由库波修订,第7章由杨国勋修订,第8章由胡双修订。新添加第2章由罗炜编写,第3章由董宁编写。

本书最大的特点是注重实践应用。各种典型的测试技术及方法的介绍均从实际出发,避免抽象的理论论述,在介绍中深入浅出、简洁明了。每章都设有对应测试方法工具使用的介绍,这些实例许多都是根据实际工程案例进行设计的。根据实例,再通过上机不但能够使学生印证许多基本概念,而且能加深理解,从而更好地掌握相应的软件测试方法并能达到熟练应用,通过把应用与理论知识紧密结合，激发学生学习软件测试的兴趣。

本书既适合作为计算机应用、计算机软件、软件工程、软件测试等学科的教材，也适合从事软件开发和维护的工程技术人员阅读，包括软件测试人员、开发人员、项目经理和产品经理。

由于作者水平有限，本书经过修订仍会存在一些问题，欢迎读者继续提出宝贵意见，不断提高本教材的质量。

编　者
2014 年 6 月

目 录

1

软件测试基础知识

1. 掌握：软件测试的基本概念。
2. 理解：软件测试的分类。
3. 了解：软件测试的必要性。

1.1 软件的概念

软件就是人类在生产实践和改造自然过程中一切无形的知识积累，比如各种发明、专利等。自从有了人类，就开始有了发明和积累，例如我国的造纸术、排版术、火药制造等都是一种可以重复利用的技术，只要能重复在生产实践中使用的无形技术就是软件。

在 20 世纪计算机产生后，软件技术得到重大发展，以至于计算机软件成为了软件科学的代名词，因此本书中所称软件也就是计算机软件。

计算机软件和计算机硬件是相对应的一组概念，计算机硬件特指计算机有形的部分，包含中央处理器、存储器和磁盘，而计算机软件则是一组旨在直接或间接用于计算机以取得一定结果的语句或指令的集合，软件包括了所有与指令代码和数据集合相联系的表示方式。也就是说软件并不只是包括可以在计算机上运行的程序源代码和数据文件，还包括了所有在需求、分析设计等软件开发各阶段中产生相关的文档。简单的说，软件就是程序加文档的集合体。

软件是计算机的灵魂，相当于人类的大脑活动，如果没有软件，计算机就和失去知觉的植物人一样，虽然能活动，但是没有意识，不能完成最基本的任务。随着社会的发展，计算机软件已经完全进入了我们的生活，比如我们天天在计算机上聊天使用的 QQ、MSN，用手机上网看的股票、新闻，用影碟机看的电影，用 PSP 玩的游戏，用机顶盒看的电视等，可以毫不夸张的说，计算机软件已经完全融入了我们生活的方方面面。

计算机软件主要分为系统软件和应用软件两大类。系统软件为计算机使用提供最基本的功能，负责管理计算机系统中各种独立的硬件，使得它们可以协调工作。系统软件使得计算机使用者和其他软件将计算机当作一个整体而不需要顾及到底层每个硬件是如何工作的。

系统软件又分为操作系统和支撑软件，其中操作系统是最基本的软件，也是一切软件的基础，其余所有软件都必须在这个基础上开发，就像我们要学习各种科学知识前，必须先学好语文一样。操作系统是管理计算机硬件与软件资源的程序，同时也是计算机系统的内核与基石。操作系统身负诸如管理与配置内存、决定系统资源供需的优先次序、控制输入与输出设备、操作网络与管理文件系统等基本事务。操作系统也提供一个让使用者与系统交互的操作接口。操作系统作为最基础的软件，无处不在。智能卡中有 TimeCOS、手机中有 Windows CE、Symbian、Android、IOS 等，路由器中有 μCLinux、vxWorks 等，计算机中有 BSD、DOS、Linux、Mac OS、OS/2、QNX、UNIX、Windows 等。支撑软件是支撑各种软件开发与维护的软件，又称为软件开发环境（IDE）。它主要包括环境数据库、各种接口软件和工具组。著名的软件开发环境有Borland 公司的 BDS，Sun 公司的 NetBean 和 Java，IBM 公司的 WebSphere，微软公司的Studio.NET 等。它们都包括一系列基本的工具（如编辑器、编译器、数据库管理、存储器格式化、文件系统管理、用户身份验证、驱动管理、网络连接等方面的工具）。

但是系统软件并不针对某一特定应用领域。而应用软件则相反，不同的应用软件根据用户和所服务的领域提供不同的功能。

应用软件是为了某种特定的用途而被开发的软件。它可以是一个特定的程序，比如一个图像浏览器，也可以是一组功能联系紧密，可以互相协作的程序的集合，比如微软的 Office软件。应用软件是计算机软件产品的主体，我们谈论的软件 90％以上是指应用软件，像先前提到的日常生活中常见的 QQ、MSN、手机股票、游戏软件等都属于应用软件。

应用软件主要分为办公软件、行业软件、翻译软件、安全工具、财务软件、读书软件、刻录软件、图形图像软件、音频视频播放软件、媒体制作软件、网络服务软件、网络应用软件、输入法和压缩解压缩软件等。

1.2 软件测试的基本概念

有人觉得测试是可有可无的一个过程，也有人认为测试是一件很遥远的事情，是那么虚无飘渺飘忽不定。其实，当我们静下心来仔细想一想，就会发现测试就在我们身边，测试无处不在，可以说没有测试，就不会有社会进步和人类的文明。在生活方面，做饭需要先品尝味道，买衣服需要试穿，打针需要做皮试，喝茶需要尝试，输血要检查血型，牛奶出厂要检查有没有三聚氰氨，买鸡蛋要看是否有损坏等；在工作方面，公司要对员工技术能力进行考核，采购前对办公设备性能进行评估，员工对领导管理要进行评测，产品出厂要抽查等；在科研方面，流感疫苗需要临床试验，航天飞机需要模拟试验，克隆技术需要验证，武器装备需要测试等。总之，每出现一个新事物，每做一件新事情，都需要经过一个重要的环节，那就是测试。如果没有测试，或者测试不全面，我们的行为就会成为冒险，也是一种赌博，并且为此付出沉痛的代价。1986 年，美国的"挑战者"号航天飞机在升空不到一分钟就化为灰烬，七名宇航员全部遇难，其原因是一个绝缘垫出现一个小小的裂痕，就是这个小小的裂痕，导致整个航天飞机发生爆炸，让上万人的努力付之东流，损失高达几百亿美元，比黄金还珍贵的宇航员葬身太空；无独有偶，2003 年美国的"哥伦比亚"号航天飞机在返回地球途中，在大气层发生了爆炸，原因是飞机机身被高速绝热泡沫碎片擦出一个印记，在高温下导致航天飞机发生断裂。可见，即使高科技发展到今天，一个小小的错误都会引起灾难性的后果。

对于产品的测试就需要更加严格，因为这是关系到千家万户利益的大事。例如 2008 年因为不法奶农在牛奶中添加三聚氰氨，三鹿公司又没有进行认真的质量测试，造成全国 12892 个婴儿服用三鹿奶粉后患肾结石不得不住院治疗，最后直接导致了三鹿奶粉公司的破产。从上述事实可以看出一个产品在正式使用前必须经过严格的测试，只有通过严格测试的产品才能够把错误发生率降到最低，保证客户利益不受损害，保证使用者的使用安全，同时也保障的公司的利益。

计算机软件是一种无形的产品，每个产品上市之前必须要经过测试。我们已经明确了软件的定义，又知道了测试的重要，接下来我们看看什么是软件测试。软件测试是测试的一种，顾名思义就是对软件进行测试。软件测试是由于软件缺陷的存在而产生的。我们将所有软件问题统称作软件缺陷，不管它们的规模和危害有多大，由于它们都会产生使用障碍，故都称为软件缺陷。

软件测试就是在软件投入运行前，对软件需求分析、设计规格说明和编码实现的最终审查，它是软件质量保证的关键步骤。

1. 软件测试的定义

（1）软件测试：通常对软件测试的定义有两种描述：

● 软件测试是为了发现错误而执行程序的过程。

● 软件测试是根据软件开发各阶段的规格说明和程序的内部结构而精心设计的一批测试用例，并利用这些测试用例运行程序以及发现错误的过程，即执行测试步骤。

其实这两种定义是一致的，前面一种定义，强调了软件测试的目的，后面一种定义强调了软件测试的方法和过程。通过这两个定义，我们可以知道，软件测试就是通过设计测试方法和用例，对软件进行流程抽样得到软件正确性、可靠性的过程。

软件测试在软件生命周期中横跨两个阶段：

● 第一个阶段：单元测试阶段，即在每个模块编写出后所做的必要测试。

● 第二个阶段：综合测试阶段，即在完成单元测试后进行的测试，如集成测试、系统测试、验收测试。

（2）测试用例：所谓测试用例是为特定的目的而设计的一组测试输入、执行条件和预期的结果；测试用例是执行测试的最小实体。一个好的测试用例在于可以发现还未曾发现的错误；一次成功的测试则是发现了错误的测试。

（3）测试步骤：详细规定了如何设置、执行、评估特定的测试用例。

2．软件测试的对象

软件测试不等于程序测试。软件测试贯穿于软件定义和开发的整个过程。因此，软件开发过程中所产生的需求规格说明、概要设计规格说明、详细设计规格说明以及源程序都是软件测试的对象。

3．软件测试的目的

很多人认为开发一个软件是复杂的，需要花费大量的人力和物力，而测试一个软件相对比较容易，通过测试能够找出所有软件错误。有很多测试新手是满怀下面这些信念进入测试领域的：他们能够充分地测试每一个程序，通过他们的完全测试能够确保程序正常运行，测试人员的工作任务就是通过进行完全测试，来保证程序的正确性。然而，事实上，无论程序多么简单，我们都不可能对程序进行完全测试，原因有三点：

（1）可能的输入范围太大，根本无法穷举测试；

（2）程序中可能的运行路径太多，根本无法穷尽测试；

（3）用户界面问题太复杂，不可能进行完全测试。

既然不可能进行完全测试，那么我们也就无法验证一个程序的正确性。那测试的目的到底是什么呢？

测试的目的是发现错误。测试是程序的执行过程，目的在于发现错误，并且尽可能地发现更多的错误，发现的错误越严重越好。软件测试只能证明程序中有错误存在，而不能证明程序的正确性。软件测试是从软件中包含有缺陷和故障这个假设出发去测试程序，以期从中发现尽可能多的软件故障。测试以发现错误为目的，是为了发现错误而执行程序的过程。好的测试用例比差的测试用例更有可能找出错误，或是更有可能找出严重的错误。

注意：测试无法说明错误不存在，只能说明软件错误已出现。

4．软件测试的原则

根据以上软件测试的目的，软件测试的原则是：

（1）尽早地和及时地测试，错误发现得越晚，修复的代价越高。

（2）测试用例应当由测试数据和与之对应的预期结果两部分组成。

（3）在程序提交测试后，应当由专门的测试人员进行测试，避免由程序设计者自行检查程序。

（4）测试用例应包括合理的输入条件和不合理的输入条件。

（5）严格执行测试计划，排除测试的随意性。

（6）充分注意测试当中的群体现象。

（7）应对每一个测试结果做全面的检查。

（8）保存测试计划、测试用例、出错统计和最终分析报告，为维护工作提供充分的资料。

5．测试停止的依据（标准）

受到经济、工期或其他方面的条件制约，测试最终是要停止的。下面是常用的 5 类停止测试的标准：

（1）第一类标准：测试超过了预定时间，则停止测试。这类标准不能用来衡量测试质量。

（2）第二类标准：执行了所有的测试用例，但并没有发现故障，则停止测试。这类标准对测试也没有好的指导作用，相反却鼓励测试人员不去编写更好的、能暴露出更多故障的测试用例。

（3）第三类标准：使用特定的测试用例设计方案作为判断测试停止的基础。这类标准仍然是一个主观的衡量尺度，无法保证测试人员准确、严格地使用某种测试方法。这类测试标准只是给出了测试用例设计的方法，并非确定的目标，这类标准只对某些测试阶段适用。

（4）第四类标准：正面指出停止测试的具体要求，即停止测试的标准可定义为查出某一预订数目的故障。比如规定发现并修改了 60 个故障就可以停止测试，对系统测试的标准是，发现并修改若干个故障或者至少系统要运行一定时间，如 3 个月等。

（5）第五类标准：根据单位时间内查出故障的数量决定是否停止测试。这类标准看似容易，但是在实际操作中要用到很多直觉和判断。通常使用某个图表表示某个测试阶段中单位时间检查出的故障数量，通过分析表，确定应继续测试还是停止测试。

6．软件测试和修复

软件测试和修复是不同意义的行为过程，最能体现修复行为的是调试和修正。经过测试发现错误后，往往不能直觉地从测试结果中找到错误的根源，这就需要充分利用测试结果和测试过程中提供的信息进行全面分析，通过调试发现错误，并修正这些发现的错误。

1.3 软件测试的必要性

现代社会已经离不开软件，软件产品的质量要求也就与日俱增，一个小的疏忽，轻者让软件公司信誉扫地，重则导致公司破产，甚至会损坏国家利益，造成不可挽回的损失，下面就列举几个软件产品由于存在缺陷而造成失败或者重大损失的案例，让我们通过这些生动的案例了解软件测试的必要性。

1．Ashton Tate 公司的 dBase IV

Ashton Tate 公司在 1980 年以 dBase 数据库管理系统起家。dBase 不久就占据了市场的主导。Ashton Tate 成为软件业三大企业之一。1987 年，Ashton Tate 销售额为 2.15 亿美元，仅仅略落后 Lotus 公司的 2.83 亿美元，微软的 2.6 亿美元。dBase 产品占据 Ashton Tate 公司的 65%。

当竞争者开始提供更高效易用的数据库产品时，Ashton Tate 开发了一个增强版称为 dBase IV。1988 年 2 月，Ashton Tate 公司宣称 dBase IV 将在 5 月发布。到了 5 月，又宣称延迟 2 个月，到 8 月，又延迟 2 个月。到了 9 月，当它最终被用户放弃时，Ashton Tate 公司宣称新的 dBase

产品将在 10 月底发布。

不幸的是，dBase IV 有太多的缺陷，在投入使用 2 个月后，Ashton Tate 不得不收回它。在 1989 年 9 月，CMM 创始人汉弗莱碰到 Ashton Tate 的 CEO 时，工程师们还在测试装配 dBase IV。但是 Ashton Tate 的 CEO 并没有按照汉弗莱的建议制作产品质量问题的数据库，并利用数据库来确定缺陷的位置进行重新编写，采取合适的流程来管理缺陷，而是采用了边测试、边修复的应对措施，结果他们没有在 2 个月内发布，在以后的一年里，都在不断的测试和修复问题。到了 1991 年 2 月，dBase IV 还处在第 2 个测试版。Ashton Tate 公司的 CEO 也被更换。据报道，因为质量问题，Ashton Tate 公司每季度亏损 560 万美元，不久就被 Borland 公司收购。Ashton Tate，这个曾经软件业第三大的公司，再也不存在了。

2. Borland 公司的 Borland C++ 4.0

在 1994 年前 Borland 依靠 Borland C++ 3.0 统治了 C++市场 3 年之久，但是当微软公司推出 Visual C++ 1.0 在 C/C++开发工具市场获得空前的成功之后，Borland 才开始研发 Borland C/C++ 4.0。事实上，当时外围公用程序，Shareware 等都是使用 Borland C/C++ 3.1 开发的。因此，就算 Borland 不着急，好好地开发下一代的 C/C++开发工具，即使 Microsoft Visual C++能够掠夺一些市场占有率，但是如果下一代的 Borland C/C++能够像 Borland C/C++ 3.0 一样立刻拉开和 Visual C/C++的距离，那么 Borland 在 C/C++市场仍将拥有王者的地位。

可惜的是，Borland 公司当时的总裁 Philippe Kahn 却急于推出 Borland C/C++ 4.0 来挽回面子，在短短的一年的时间内就要全新升级集成开发环境，把 OWL 完全重写，大幅修改最佳化编译器，整合当时棘手的 VBX。这些都是技术难点，每个难点都需要不少的时间，但是在 Philippe Kahn 的催促下，Borland 公司的工程师们硬着头皮将新版本拿出来了。

可惜由于 Borland 太急于推出 4.0，因此并没有在最后阶段修正许多的 bug，又没有经过最后系统微调的工作，同时又过于大胆地加入太多先进的技术，造成了整个产品大量存在着以下软件缺陷：

（1）集成开发环境方面：bug 太多，容易当掉而且反应速度缓慢。

（2）编译器方面：最佳化玩得过火，产生错误的编译程序代码。

（3）OWL 方面：采用全新的多重继承架构，虽然是正确的做法，却和 Borland C/C++ 3.1 中的 OWL 不兼容，造成许多程序员无法升级 C/C++项目。

（4）VBX 方面：大胆采用在 16/32 位都能使用的 VBX 技术，造成一些 VBX 无法顺利地在 Borland C/C++ 4.0 中使用。

由于 Borland 推出了根本不堪使用的产品 Borland C/C++ 4.0，立刻造成了严重的后果。首先是 Borland C/C++的市场份额大量而且快速地流失，使得 Visual C/C++快速地成长。其次是当初 Borland C/C++ 3.1 在公用程序市场打下的江山也拱手让人，原本许多使用 Borland C/C++ 3.0/3.1 撰写驱动程序的硬件厂商也开始转换到 Visual C/C++。而更严重的是，由于 4.0 的品质以及 OLE 的关系，应用程序市场也开始大量地转为使用 Visual C/C++来编写应用程序。从此 Borland 在开发工具市场退出主流。

3. 迪斯尼公司的狮子王游戏

1994 年，美国迪斯尼公司狮子王游戏光盘被称为成百上千万孩子的"圣诞杀手"，销售异常火爆，但是产品售出不久，该公司的客户支持和售后电话就一直不断，愤怒的家长和玩不成游戏的孩子们大量投诉该软件的缺陷，一段时间各种报纸和电视媒体都大量报道了这个游戏的各种问题，最主要的问题是没有进行兼容性测试，原来该游戏依赖于微软当时最新的 WinG 图形引擎，用户必须修改计算机的显卡驱动设置方能正常使用。但 1994 年时惠普推出的 Presario计算机所使用的光驱与 WinG 并不兼容，圣诞节一大早当家长们为孩子们安装狮子王游戏光盘时，所有的计算机都无一例外出现死机。

这次软件故障使得迪斯尼公司的声誉大受影响，并为改正这个软件的缺陷和故障付出了沉重的代价。

4. 千年虫问题

千年虫问题产生的原因是由于在计算机软、硬件以及数字化程序控制芯片的各种设备和业务处理系统中，只使用了两位十进制数来表示年份，因此，当日期从 1999 年 12 月 31 日进入 2000 年 1 月 1 日后，系统将无法正常识别由"00"表示的 2000 年（计算机可能将这个年份识别为 1900 年）这一具体年份，从而带来进行跨世纪的年份、日期处理时的计算错误，引发各种各样的计算机业务处理系统和控制系统的功能紊乱。"千年虫问题"又称为"2000 年问题"或"千年病毒"，或简称为"Y2K"。

2000 年零点钟声在一片欢呼雀跃中敲响，人类欢庆久盼新千年的到来。

欣喜之余，人们也终于可以长舒一口气，原来被形容得如同洪水猛兽般的 Y2K 千年虫并没有大范围侵入我们的生活，电灯仍然发出光芒，银行自动提款机像平日那样"吐出"现款，电话照常运作，水也继续从水龙头流出来。在花费了 6000 亿美元对计算机系统进行调整，在系统管理员和程序设计员的严密监视下，人类跨入了新千年。

钟声逐渐平息，激情日益淡去，人类又回到理性的思维之中。6000 亿美元的代价是何等的惨痛，其损失已不亚于一场大规模的战争，而原因仅仅是因为当年不经意之中的两位数字。在计算机诞生初期，程序设计员为了节省计算机内部珍贵的存储空间，就把年份的时间表示设定为两位数字，而不是四位数字。当时间转到跨世纪的这一天，计算机中就会出现时间上 2000年小于 1999 年的荒谬现象，网络系统的运算逻辑发生混乱，最终导致人类生活的瘫痪。他们没有预计到计算机的发展速度会有如此之快，普及程度会有如此之广。

Y2K 给我们的教训是深刻的，新千年的人类应该更理性、更慎重地对待科学技术的发展，避免再犯这样看似容易的"小"问题。

5. 暴风软件召回

2009 年中国互联网出现了一次大地震，5 月 19 日，江苏、安徽、广西、海南、甘肃、浙江等六省用户申告访问网站速度变慢或无法访问，原因是 2 个游戏私服恶性竞争，攻击导致DNSPod 公司所属的 6 台 DNS 域名解析服务器瘫痪，直接造成包括暴风影音在内的多家网络服务商的域名解析系统瘫痪，由此引发网络拥塞，造成大量用户不能正常上网。

5 月 20 日，工业和信息化部通信保障局召集国家计算机应急处理协调中心、电信研究院、中国电信集团、暴风影音等参加紧急会议，工信部和电信方面 5 月 20 日通报均称，5 月 19 日由于暴风影音客户端软件存在缺陷，在暴风影音域名授权服务器工作异常的情况下，导致安装该软件的上网终端频繁发起域名解析请求，引发 DNS 拥塞，造成大量用户访问网站慢或网页打不开。

6 月 1 日，暴风影音召开发布会，宣布对暴风播放器进行召回，这也是中国第一次软件产品的召回事件，整个断网事故总共损失近亿元，但也正是这次事故暴露了暴风软件在互联网访问上的缺陷，造成了不可弥补的重大损失，很多网民从此不再使用暴风播放器。

6. M8 手机研发事件

在苹果手机上市一年就取得智能机市场近 10％份额后，占中国 MP4 市场份额第一的魅族公司高调进军手机行业，开发中国的国产智能机，由于以前没有开发经验，开发进程不断跳票，但在 CEO 黄章的不断逼迫下，2009 年 2 月 M8 终于上市销售，由于前期 2 年的宣传，很多国内用户都迫不及待地购买了这个中国首款全触摸的智能机器。

可是不久，用户就发现了触摸屏损坏，手机信号不稳定，字不能输入，联系人不能查找，经常不能返回桌面等诸多 bug；引来用户大量的责难，为了尽可能的减少召回损失，魅族公司的软件工程师日以继夜的修改固件，最后达到一周一升级的地步。经过近 1 年的固件修改，M8 手机总算稳定了，但是 M8 因为换机等原因，造成了重大损失，不得不把收回的手机翻新卖。同时由于这些缺陷，耽误了魅族近 3 年的时间，不但没有达到对手水平，反而更加落后了。

7. 淘宝手机软件事件

2009 年，中国的 3G 元年，在移动、联通和电信都取得 3G 牌照后，手机互联网业务成倍的发展，原来在中国 C2C 市场的老大淘宝，由于受到腾讯拍拍的挑战，并且腾讯依赖固有的手机优势对淘宝发起挑战，使淘宝损失了不少的市场份额。

于是 2009 年年中淘宝联合联想和 TCL 合作生产淘宝手机，并抢在 2010 年元月推出，本来刚上市时非常热销，天天都卖断货，可是不久，客户愤怒的电话就把淘宝公司的售后打爆了。原来出于节省成本和抢时间，淘宝公司选择了硬件 MTK 芯片和软件 Java 解决方案，恰恰这二者搭配的运行效率很差，因此造成了大量手机运行缓慢、死机、内存已满等问题。最严重的是程序员在开发程序时都采用的是移动 cmnet 网关，但是移动公司很多地区默认提供的都是 cmwap 网关，这样手机旺旺等淘宝手机捆绑软件在北京、福建、无锡、湖南、湖北、江西、河南、广东等地区根本无法使用。最后使淘宝公司的声誉大受影响，很多用户因此离开了淘宝购物平台，最后淘宝公司不得不向用户道歉并提供免费升级和详细的操作说明。

通过这些生动的案例，我们可以看出软件发生错误时造成的灾难性后果或者对数据的各种影响。这些后果和影响都是非常严重的，因此我们必须要重视软件测试。只有通过软件测试和质量保证后的软件，其正确性和可靠性才会大为增强，对用户可能造成的损失才会降到最低。

但是我们也要看到，软件测试的目的是发现错误，而不是避免错误，因此要不断地更新测试方法，尽可能地发现各种类型不同的错误。

1.4   软件测试的分类

软件测试按照不同的划分方法，有不同的分类：

1. 按照是否需要执行程序，软件测试可划分为静态测试和动态测试

静态测试的主要特征是计算机测试源程序时，计算机并不真正运行被测试的程序。这说明静态测试一方面要利用计算机作为对被测试程序进行特征分析的工具，与人工测试有根本的区别；另一方面，计算机并不真正运行被测试程序，只是进行特征分析，这是和动态方法不同的。因此，静态测试常被称为"静态分析"，静态分析是对被测试程序进行特征分析的一些方法的总称。

静态分析程序不需要执行所测试的程序，它扫描所测试程序的正文，对程序的数据流和控制流进行分析。然后送出测试报告。通常，它具有以下几类功能：

（1）对模块中的所有变量，检查其是否都已定义，是否引用了未定义的变量，是否有已赋过值但从未使用的变量。实现方法是建立变量的交叉引用表。

（2）检查模块接口的一致性。主要检查子程序调用时形式参数与实际参数的个数、类型是否一致，输入输出参数的定义/使用是否匹配、数组参数的维数、下标变量的范围是否正确，各子程序中使用的公用区（或外部变量、全局变量）定义是否一致等。

（3）检查在逻辑上可能有错误的结构以及多余的不可达的程序段。如交叉转入转出的循环语句，为循环控制变量赋值，存取其他模块的局部数据等。

（4）建立"变量/语句交叉引用表"、"子程序调用顺序表"、"公用区/子程序交叉引用表"等。利用它们找出变量错误可能影响到哪些语句，影响到哪些其他变量等。

（5）检查所测程序违反编程标准的错误。例如，模块大小、模块结构、注释的约定、某些语句形式的使用，以及文档编制的约定等。

（6）对一些静态特性的统计功能：各种类型源语句的出现次数，标识符使用的交叉索引，标识符在每个语句中使用的情况，函数与过程引用情况，任何输入数据都执行不到的孤立代码段，未经定义的或未曾使用过的变量，违背编码标准之处，公共变量与局部变量的各种统计。

静态分析工具的结构一般由四部分组成：语言程序的预处理器、数据库、错误分析器和报告生成器。预处理器把词法分析与语法分析结合在一起，以识别各种类型的语句。源程序被划分为若干程序模块单元（如主程序与一些子程序），同时生成包含变量使用、变量类型、标号与控制流等信息的许多表格。有些表格是全局表，它们反映整个程序的全局量信息，如模块名、函数及过程调用关系、全局量等。有些表格是局部表，它们对应到各个模块，记录模块中的各种结构信息，如标号引用表、分支索引表、变量属性表、语句变量引用、数组或记录特性表等。错误分析器在用户指导下利用命令语言或查询语言与系统通信进行查错，并把检查结果造表输出。

从上述描述中我们可以看出，静态分析并不等同于编译系统，编译系统虽然能发现某些

程序错误，但主要发现的是词法错误和语法错误，这些错误远非软件中大量存在的逻辑错误、结构错误，因此静态分析的查错和分析功能是编译程序所不能代替的。目前，已经开发出一些静态分析测试工具，如 GrammaTech CodeSonar 等。

动态测试就是通过选择适当的测试用例，实际运行所测程序，比较实际运行结果和预期结果，以找出错误。动态测试分为结构测试与功能测试。在结构测试中常采用语句测试、分支测试或路径测试。作为动态测试工具，它应能使所测试程序有控制地运行，自动地监视、记录、统计程序的运行情况。典型方法是在所测试程序中插入检测各语句的执行次数、各分支点、各路径的探针（probe），以便统计各种覆盖情况。有些程序设计语言的源程序清单中没有标号，在进行静态分析或动态测试时，还要重新对语句进行编号，以便能标志各分支点和路径。在有些程序的测试中，往往要统计各个语句执行时的 CPU 时间，以便对时间花费最多的语句或程序段进行优化。

（1）测试覆盖监视程序。

主要用在结构测试中，可以监视测试的实际覆盖程度。主要的工作有：分析并输出每一个可执行语句的执行特性；分析并输出各分支或各条路径的执行特性；计算并输出程序中谓词的执行特性。为此，测试覆盖监视程序的工作过程分为以下三个阶段：

1）对所测试程序做预处理。如在程序的分支点和汇合点插入"执行计数探针"；在非简单赋值语句（相对于赋常数值或下标计算等简单赋值语句而言）后插入"记忆变量值探针"，记录变量的首次赋值、末次赋值、最小值、最大值。以及在循环语句中插入"记忆控制变量值探针"，记录循环控制变量的首次赋值、末次赋值、最小值、最大值。

2）编译预处理后的源程序，运行目标程序。在运行过程中，利用探针，监视、检查程序的动态行为，收集与统计有关信息。

3）一组测试后，可以根据要求，输出某一语句的执行次数，某一转移发生的次数，某赋值语句的数值范围，某循环控制变量的数据范围，某子程序运行的时间、所调用次数等。从而发现在程序中从未执行的语句，不应该执行而实际执行了的语句，应该执行但实际没有执行的语句，以及发现不按预定要求终止的循环、下标值越界、除数为零等异常情况。

（2）断言处理程序。

"断言"是指变量应满足的条件。例如，I<10，A(6)>O 等。在所测试源程序中，在指定位置按一定格式，用注释语句写出的断言称为断言语句。在程序执行时，对照断言语句检查事先指定的断言是否成立，可以帮助复杂系统的检验、调试和维护。

断言分局部性断言和全局性断言两类。局部性断言，是指程序的某一位置上，例如，重要的循环或过程的入口和出口处，或者在一些可能引起异常的关键算法之前设置的断言语句。例如在赋值语句 A-B/z 之前，设置局部性断言语句：

C ASSERT LOCAL(Z<>0)

全局性断言，是指在程序运行过程中自始至终都适用的断言。例如，变量 I、J、K 只能取 0 到 100 之间的值，变量 M、N 只能取 2、4、6、8 四个值等。全局性断言写在程序的说明部分，描述格式为：

C ASSERT VALUES(I,J,K)(0:100)

C ASSERT VALUES(M,N)(2,4,6,8)

程序员在每个变量、数组的说明之后，都可写上反映其全局特性的断言。

动态断言处理程序的工作过程如下：

1）动态断言处理程序对语言源程序做预处理，为注释语句中的每一个断言插入一段相应的检验程序。

2）运行经过预处理的程序，检验程序将检查程序的实际运行结果与断言所规定的逻辑状态是否一致。对于局部性断言，每当程序执行到这个位置时，相应的检验程序就要工作；对于全局性断言，在每次变量被赋值后，相应的检验程序就进行工作。

动态断言处理程序还要统计检验的结果（即断言成立或不成立的次数），在发现断言不成立时，还要记录当时的现场信息，如有关变量的状态等。处理程序还可按测试人员的要求，在某个断言不成立的次数已达指定值时中止程序的运行，并输出统计报告。

3）一组测试结束后，程序输出统计结果、现场信息，供测试人员分析。

（3）符号执行程序。

符号执行法是一种介于程序测试用例执行与程序正确性证明之间的方法。它使用了一个专用的程序，对输入的源程序进行解释。在解释执行时，所有的输入都以符号形式输入到程序中，这些输入包括基本符号、数字及表达式等。符号执行的结果，可以有两个用途：其一是可以检查公式的执行结果是否达到程序预期的目的；其二是通过程序的符号执行，产生程序的路径，为进一步自动生成测试数据提供条件。

解释程序在对象源程序的判定点计算谓词。一个条件语句 if…then…else 的两个分支在一般情况下需要进行并行计算。语法路径的分支形成一棵"执行树"，树中每一个结点都是一个表示执行到该结点时累加判定的谓词。一旦解释程序对对象源程序的每一条语法路径都进行了符号计算，就会对每一条路径给出一组输出，它是用输入再加上遍历这条路径所必须满足的条件的谓词组这两者的符号形式表示的。实际上，这种输出包含了程序功能的定义。在理想情形下，这种输出可以自动地与可用机器执行的程序所要具备的功能进行比较。否则可用手工进行比较。由于语法路径的数目可能很大，再加上其中有许多是不可达路径，这时可对执行树进行修剪。但是修剪时必须特别小心，不要把"重要"路径无意中修剪掉。另外，还有一个问题：如果对象源程序中包含有一个循环，而循环的终止取决于输入的值，那么执行树就会是无穷的，这时，必须加以人工干预，进行某种形式的动态修剪，以恢复解释执行。

符号执行更有用的一个结果是用于产生测试数据。符号执行的各种语法路径输出的累加谓词组（只要它是可解的）定义了一组等价类，每一等价类又定义了遍历相应路径的输出，可依据这种信息来选择测试数据。寻找好的测试数据就等于寻找语义（即可达）路径，它属于语法路径的子集，因此，可依据这种信息来选择测试数据。

符号执行方法还可以度量测试覆盖程度。如果路径谓词的析取值为真（true），则该测试

Chapter 1

用例的集合就"覆盖"了源程序。如果不是这样，该析取值为假（false），表示源程序有没有测试到的区域。

除了覆盖分析这个最重要的特性外，下列动态特性也经常作为测试的结果予以分析：

- 调节分析：确定所测程序哪些部分执行次数最多，哪些部分执行次数最少，甚至未执行过。
- 成本估算：确定所测程序哪些部分执行开销最大。
- 时间分析：报告某一程序或其部分程序的 CPU 执行时间。
- 资源利用：分析与硬件和系统软件相关的资源利用情况。

从上述描述中我们可以看出，动态测试主要是依赖手工或者测试工具，通过测试用例对被测试程序运行情况进行分析测试。现在市面上有大量的动态测试工具，如 LoadRunner、WinRunner、Turbo Debug、Canned Heat、GpProfile 等。

2. 按照软件测试用例的设计方法而论，软件测试可以分为白盒测试和黑盒测试

白盒测试也称为结构测试或逻辑驱动测试，它是知道产品内部工作过程，可通过测试来检测产品内部动作是否按照规格说明书的规定正常进行，按照程序内部的结构测试程序，检验程序中的每条通路是否都有能按预定要求正确工作，而不顾它的功能。白盒测试的主要方法有逻辑驱动、基路测试等，主要用于软件验证。

白盒测试全面了解程序内部逻辑结构、对所有逻辑路径进行测试。白盒测试是穷举路径测试。在使用这一方案时，测试者必须检查程序的内部结构，从检查程序的逻辑着手，得出测试数据。贯穿程序的独立路径数是天文数字。但即使每条路径都测试了仍然可能有错误。第一，穷举路径测试决不能查出程序违反了设计规范，即程序本身是个错误的程序。第二，穷举路径测试不可能查出程序中因遗漏路径而出错。第三，穷举路径测试可能发现不了一些与数据相关的错误。

黑盒测试也称为功能测试或数据驱动测试，它是在已知产品所应具有的功能，通过测试来检测每个功能是否都能正常使用，在测试时，把程序看作一个不能打开的黑盒子，在完全不考虑程序内部结构和内部特性的情况下，测试者在程序接口进行测试，它只检查程序功能是否按照需求规格说明书的规定正常使用，程序是否能适当地接收输入数据而产生正确的输出信息，并且保持外部信息（如数据库或文件）的完整性。

黑盒测试方法主要有等价类划分、边值分析、因果图、错误推测等，主要用于软件确认测试。黑盒测试着眼于程序外部结构、不考虑内部逻辑结构、针对软件界面和软件功能进行测试。黑盒测试是穷举输入测试，只有把所有可能的输入都作为测试情况使用，才能以这种方法查出程序中所有的错误。实际上测试情况有无穷多个，人们不仅要测试所有合法的输入，而且还要对那些不合法但是可能的输入进行测试。

3. 按照软件测试的策略和过程来分类，软件测试可分为单元测试、集成测试、系统测试、验收测试和确认测试

（1）单元测试：单元测试是对软件中的基本组成单位进行的测试，如一个模块、一个过程等。它是软件动态测试的最基本的部分，也是最重要的部分之一，其目的是检验软件基本组成单位的正确性。一个软件单元的正确性是相对于该单元的规约而言的。因此，单元测试以被测试单位的规约为基准。单元测试的主要方法有控制流测试、数据流测试、排错测试、分域测试等。

（2）集成测试：集成测试是在软件系统集成过程中所进行的测试，其主要目的是检查软件单位之间的接口是否正确。它根据集成测试计划，一边将模块或其他软件单位组合成越来越大的系统，一边运行该系统，以分析所组成的系统是否正确，各组成部分是否合拍。集成测试的策略主要有自顶向下和自底向上两种。

（3）系统测试：系统测试是对已经集成好的软件系统进行彻底的测试，以验证软件系统的正确性和性能等满足其规约所指定的要求，检查软件的行为和输出是否正确并非一项简单的任务，它被称为测试的"先知者问题"。因此，系统测试应该按照测试计划进行，其输入、输出和其他动态运行行为应该与软件规约进行对比。软件系统测试方法很多，主要有功能测试、性能测试、随机测试等。

（4）验收测试：验收测试旨在向软件的购买者展示该软件系统满足其用户的需求。它的测试数据通常是系统测试的测试数据的子集。所不同的是，验收测试常常有软件系统的购买者代表在现场，甚至是在软件安装使用的现场。这是软件在投入使用之前的最后测试。

（5）确认测试：确认测试是在软件维护阶段，对软件进行修改之后进行的测试。其目的是检验对软件进行的修改是否正确。这里，修改的正确性有两重含义：一是所作的修改达到了预定目的，如错误得到改正，能够适应新的运行环境等；二是不影响软件的其他功能的正确性。

本章介绍了软件和软件测试的相关概念，分析了软件测试目的、软件测试的必要性、软件测试停止的标准、软件测试的分类。

实训习题

练习 1．上网查询相关软件测试网站，理解软件测试的基本概念。

练习 2．说说你对软件测试的认识。

练习 3．通过查找资料，举一个不同于书上的案例来说明软件测试的重要性。

练习 4．根据自己的理解，说明动态测试和静态测试的区别。

2

软件测试阶段

1. 掌握：软件测试各阶段的主要任务。
2. 理解：软件测试模型与软件生命周期的关系、几种典型的软件测试模型。
3. 了解：几种典型的软件测试模型的应用。

2.1 软件生命周期

2.1.1 软件生命周期的阶段划分

与任何事物一样，软件产品也有一个从孕育、诞生、成长到衰亡的生存过程，通常称为软件生命周期。概括地说，软件开发生命周期可以划分成计划、设计、开发和运行维护 4 个时期，每个时期又进一步划分成若干阶段，如图 2-1 所示。这种基于软件工程思想的阶段划分有助于对软件开发这一系统工程进行有效的管理和控制。

软件生命周期每个阶段的主要任务如下：

1. 问题定义 —— 要解决的问题是什么

通过对客户的访问调查，系统分析员扼要地写出关于问题性质、工程目标和工程规模的书面报告，经过讨论和必要的修改后这份报告应该得到客户的确认。

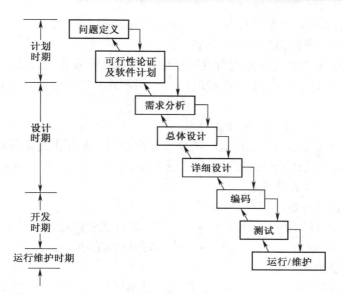

图 2-1　软件开发生命周期

2. 可行性论证及软件计划 —— 有行得通的解决办法吗

在进行任何一项较大的工程时，首先都要进行可行性分析和研究。目的就是用最小的代价在尽可能短的时间内确定该软件项目是否能够开发，是否值得去开发。

可行性研究的主要任务是：了解客户的要求及现实环境，从技术、经济和社会因素三方面研究并论证本软件项目的可行性，编写可行性研究报告，制订初步的项目开发计划。

具体步骤如下：

（1）确定项目规模和目标；

（2）研究正在运行的系统；

（3）建立新系统的高层逻辑模型；

（4）导出和评价各种方案；

（5）推荐可行的方案；

（6）编写可行性研究报告。

系统分析员需要进行一次大大压缩和简化了的系统分析和设计过程，也就是在较抽象的高层次上进行的分析和设计过程。可行性研究应该比较简短，这个阶段的任务不是具体解决问题，而是研究问题的范围，探索这个问题是否值得去解决，是否有可行的解决办法。如果可行，制订出初步的开发计划。

可行性研究的结果是部门负责人做出是否继续进行这项工程的决定的重要依据，一般说来，只有投资可能取得较大效益的那些工程项目才值得继续进行下去。

3. 需求分析 —— 系统必须做什么

需求分析阶段的任务仍然不是具体地解决问题，而是确定目标系统必须做些什么。具体地说，是根据客户的要求，清楚了解客户需求中的产品功能、特性、性能、界面和具体规格等，然后进行分析，确定软件产品所能达到的目标。

需求分析阶段确定的系统逻辑模型是以后设计和实现目标系统的基础，因此必须准确完整地体现用户的要求。这个阶段的一项重要任务是，用正式文档准确地记录对目标系统的需求，即规格说明书。

4. 总体设计——概括地说，应该怎样做

系统设计是指根据需求分析的结果，考虑如何在逻辑、程序上去实现所定义的产品功能、特性等，可以分为总体设计和详细设计，也可分为数据结构设计、软件体系结构设计、应用接口设计、模块设计、界面设计等。

总体设计的主要任务是：

（1）设计出实现目标系统的几种可能的方案。软件工程师用适当的表达工具描述每种方案，分析每种方案的优缺点，并在充分权衡各种方案的利弊的基础上推荐一个最佳方案。此外，还应该制订出实现最佳方案的详细计划。

（2）设计软件体系结构。通常指划分模块，确定模块的功能及其相互之间的调用关系，确定模块间的接口等。

（3）数据库设计。

（4）编写概要设计文档。

5. 详细设计——具体怎样做

总体设计阶段以比较抽象概括的方式提出了解决问题的办法，详细设计阶段的任务就是把解法具体化。

这个阶段的任务还不是编写程序，而是设计出程序的详细规格说明，这种规格说明应该包含必要的细节，程序员可以根据它们写出实际的程序代码。

6. 编码和单元测试

编码和单元测试阶段的关键任务是写出正确的、容易理解、容易维护的程序模块。程序员应该根据目标系统的性质和实际环境选取适当的程序设计语言，把详细设计的结果翻译成用选定的语言书写的程序，并且仔细测试编写出的每一个模块。

7. 综合测试

综合测试是指对设计、编码进行验证和用户需求确认的过程。软件测试的目的是希望以最低代价尽可能多地找出软件中潜在的各种错误和缺陷。软件测试并不是在软件交付之后才开始，而应尽早地、不断地进行，贯穿于软件定义与开发的整个期间。例如，在需求分析和设计阶段就要尽可能地考虑到如何提高软件的可测试性。

8. 运行与维护

运行与维护阶段的关键任务是，通过各种必要的维护活动（如维持软件运行、修改软件缺陷、增强已有功能、增加新功能、升级等），使系统持久地满足用户的需要。

2.1.2　常见的生命周期模型

软件生命周期模型也称为软件过程模型，它反映软件生存周期各个阶段的工作如何组织、衔接。软件工程学从软件业几十年的发展中总结了若干个典型过程模型，常用的有瀑布模型、原型模型、螺旋模型、增量模型、迭代模型和喷泉模型等。

1．瀑布模型

直到 20 世纪 80 年代初，瀑布模型（如图 2-2 所示）成为唯一被广泛接受的生命周期模型。瀑布模型核心思想是按工序将问题化简，将功能的实现与设计分开，便于分工协作，即采用结构化的分析与设计方法将逻辑实现与物理实现分开。将软件生命周期划分为制订计划、需求分析、软件设计、程序编写、软件测试和运行维护等六个基本活动，并且规定了它们自上而下、相互衔接的固定次序，如同瀑布流水，逐级下落。

瀑布模型是最早出现的软件开发模型，在软件工程中占有重要的地位，它提供了软件开发的基本框架。其过程从上一项活动接收该项活动的工作对象作为输入，利用这一输入实施该项活动应完成的内容给出该项活动的工作成果，并作为输出传给下一项活动，同时评审该项活动的实施，若确认，则继续下一项活动；否则返回前面，甚至更前面的活动。

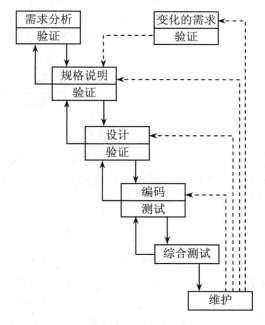

图 2-2　瀑布模型

2．原型模型

先建立一个能够反映用户需求的原型系统（如图 2-3 所示），使得用户和开发者可以对目标系统的概貌进行评价和判断，然后对原型系统进行反复的扩充、改进、求精，最终建立符合用户需求的目标系统。原型模型通过向用户提供原型获取用户的反馈，使开发出的软件能够真正反映用户的需求。同时，原型模型采用逐步求精的方法完善原型，使得原型能够"快速"开发，避免了像瀑布模型一样在冗长的开发过程中难以对用户的反馈做出快速的响应。相对瀑布模型而言，原型模型更符合人们开发软件的习惯，是使目前较流行的一种实用软件生存期模型。

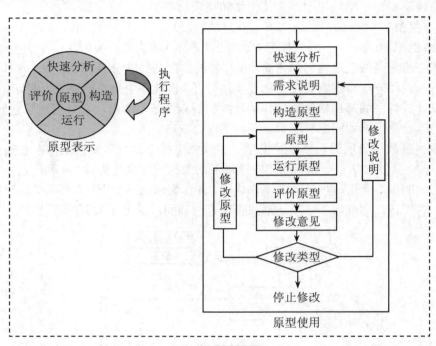

图 2-3　原型模型

同时，这是一种很好的启发式方法，可以快速地挖掘用户需求并达成需求理解上的一致。当用户没有信息系统的使用经验或系统分析员没有过多的需求分析和挖掘经验时，这种方法将非常有效。

3．螺旋模型

1988 年，巴利·玻姆（Barry Boehm）正式发表了软件系统开发的"螺旋模型"，它将瀑布模型和原型模型结合起来，强调了其他模型所忽视的风险分析。

它把软件开发过程组织成为一个逐步细化的螺旋周期，每经历一个周期，系统就得到进一步的细化和完善；整个模型紧密围绕开发中的风险分析，推动软件设计向深层扩展和求精。该模型要求开发人员与用户能经常直接进行交流，通常用来指导内部发行的大型软件项目的开发。

从图 2-4 中可以看到，沿着螺旋线每转一圈，表示开发出一个更完善的新软件版本。如果开发风险过大，开发机构和客户无法接受，项目有可能就此终止；多数情况下，会沿着螺旋线继续下去并向外逐步延伸，最终得到满意的软件产品。

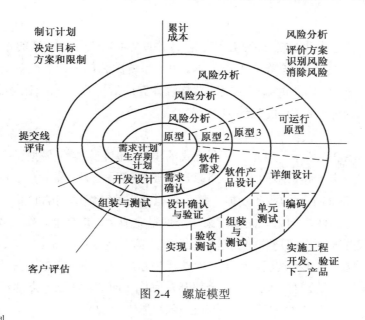

图 2-4　螺旋模型

4. 增量模型

增量模型（如图 2-5 所示）融合了瀑布模型的基本成分和原型实现的迭代特征，该模型采用随着日程时间的进展而交错的线性序列，每一个线性序列产生软件的一个可发布的"增量"。当使用增量模型时，第一个增量往往是核心的产品，即第一个增量实现了基本的需求，但很多补充的特征还没有发布。客户对每一个增量的使用和评估都作为下一个增量发布的新特征和功能，这个过程在每一个增量发布后不断重复，直到产生最终的完善产品。

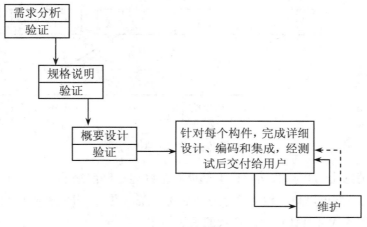

图 2-5　增量模型

增量模型是一种渐近式的模型，它把软件产品作为一系列的增量构件来设计、编码、集成和测试。

标准的增量模型往往要求在软件需求规格说明书全部出来后，后续的设计开发再进行增量，同时每个增量也可以是独立发布的小版本。由于系统的总体设计往往对一个系统的架构和可扩展性有重大的影响，因此最好在系统的架构设计完成后再开始进行增量设计，这样可以更好地保证整个系统的健壮性和可扩展性。

5. 迭代模型

迭代模型（如图 2-6 所示）也是一种渐近式的模型，但它与增量模型又有区别。增量和迭代是一对有区别但经常一起使用的术语，所以这里要先解释一下增量和迭代的概念。假设现在要开发 A、B、C、D 四个大的业务功能，每个功能都需要开发两周的时间。对于增量方法而言可以将四个功能分为两次增量来完成，第一个增量完成 A、B 功能，第二次增量完成 C、D 功能；而对于迭代开发来讲则是分两次迭代来开发，第一次迭代完成 A、B、C、D 四个基本业务功能，但不含复杂的业务逻辑，而第二次迭代再逐渐细化补充完整相关的业务逻辑。在第一个月过去后，采用增量开发，则 A、B 全部开发完成，而 C、D 还一点都没有动；而采用迭代开发，则 A、B、C、D 四个的基础功能都已经完成。

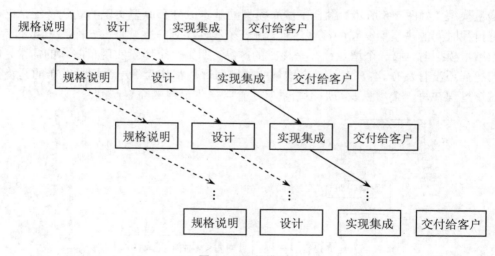

图 2-6　迭代模型

就对风险的消除上，增量和迭代模型都能够很好地控制前期的风险，但迭代模型在这方面更有优势。迭代模型可以更多地从总体方面思考系统问题，一开始就给出相对完善的框架或原型，后期的每次迭代都是针对上次迭代的逐步精化。

6. 喷泉模型

在面向对象方法中，提出了与瀑布模型相对应的喷泉模型（如图 2-7 所示），该模型的主要特点是认为软件生命周期的各个阶段是相互重叠和多次反复的，就像水喷上去又可以落下来，水既可以落在中间，也可以落在最底部。整个开发过程中都使用统一的概念"对象"进行分析，使用统一的概念和符号表示分析设计过程，各阶段间没有明显的边界，即"无缝"衔接，因此各开发步骤可以多次反复迭代，逐步深化。

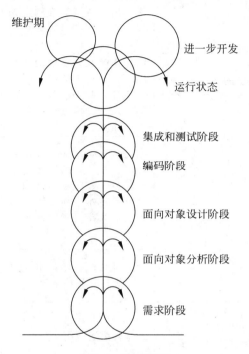

图 2-7　喷泉模型

　　每个模型都有其特点及适用范围，如表 2-1 所示。软件开发团队应根据待开发的软件特点及团队自身的特点，选择适合自己的软件过程模型，把各种生命周期模型的特性有机地结合起来，充分利用它们的优点，回避缺陷。

　　（1）总体上说，面向对象的程序设计采用的是喷泉模型，但局部可以结合其他模型。

　　（2）在前期需求明确、资料完整的情况下尽量采用瀑布模型。

　　（3）在用户无信息系统使用经验、需求分析人员技能不足的情况下要借助原型。

　　（4）在不确定性因素很多、很多东西前面无法计划的情况下尽量采用增量模型和螺旋模型。

　　（5）在需求不稳定的情况下尽量采用增量、迭代模型。

　　（6）在资金和成本无法一次到位的情况下可以采用增量模型，将产品分多个版本进行发布。

　　（7）增量、迭代和原型可以综合使用，但每一次增量或迭代都必须有明确的交付内容。

表 2-1 软件生命周期模型的比较

生命周期模型	优点	缺点	适用范围
瀑布模型	为项目提供了按阶段划分的检查点，当前一阶段完成后，只需要去关注后续阶段	在项目各个阶段之间极少有反馈，只有在项目生命周期的后期才能看到结果，通过过多的强制完成日期和里程碑来跟踪各个项目阶段	对于经常变化的项目而言，瀑布模型不适用
原型模型	克服瀑布模型的缺点，减少由于软件需求不明确带来的开发风险	所选用的开发技术和工具不一定符合主流的发展，快速建立起来的系统结构加上连续的修改可能会导致产品质量低下	迅速确定系统的基本需求，发现问题、消除误解、开发者与用户充分协调的一个步骤
螺旋模型	设计上的灵活性，可以在项目的各个阶段进行变更，以小的分段来构建大型系统，使成本计算变得简单容易，客户始终参与每个阶段的开发，保证项目不偏离正确方向以及项目的可控性	建设周期长，而软件技术发展比较快，所以经常出现软件开发完毕后，和当前的技术水平有了较大的差距，无法满足当前用户需求	特别适合于大型复杂的系统，对于新近开发，需求不明确的情况下，便于风险控制和需求变更
增量模型	增大投资的早期回报	要求开放的结构，可能退化为建造—修补模型	增量包足够小，其影响对整个项目来说是可以承受的，不容易破坏整体结构的
迭代模型	降低了在一个增量上的开支风险。如果开发人员重复某个迭代，那么损失只是这一个开发有误的迭代的花费	还未被广泛应用	用户需求容易有变化的、高风险项目
喷泉模型	该模型的各个阶段没有明显的界限，开发人员可以同步进行开发。可以提高软件项目开发效率，节省开发时间	开发过程中需要大量的开发人员，因此不利于项目的管理。此外这种模型要求严格管理文档，使得审核的难度加大，尤其是面对可能随时加入各种信息、需求与资料的情况	面向对象的软件开发过程

2.2 软件测试阶段

　　成熟的软件开发过程包括三个方面的内容：软件开发、质量管理和软件测试。它们之间的关系是：软件测试作为质量管理的一个手段，与软件开发并驾齐驱。

具体地说，软件开发是一个构建软件产品的过程，主要关注产品的功能实现、性能稳定，前提是保证软件产品完成所需要的各种功能与性能，目标是软件产品能够稳定、易用、满足客户的要求，是一个创造的过程；软件测试的前提是假设软件产品没有完成想要达到的功能或性能的要求，通过各种手段去发现产品的不足与漏洞，从而实现产品质量的不断提高，是一个破坏的过程。软件开发与软件测试的目标是一致的——产品能很好地满足客户的需求。

测试过程按 5 个阶段进行，即单元测试、集成测试、确认测试、系统测试和回归测试。

首先是单元测试（模块测试）。单元测试是对软件组成单元（模块）进行测试，其目的是检验软件基本组成模块的正确性。这里的单元，通常是单个子程序、子程序或过程等。

集成测试也称为综合测试、组装测试。它是将程序模块采用适当的集成策略组装起来，对系统的接口及集成后的功能进行正确性检测的测试工作。其主要目的是检查软件单位之间的接口是否正确，集成测试的对象是已经经过单元测试的模块。

确认测试的目的是向未来的用户表明系统能够像预定要求那样工作。经集成测试后，已经按照设计把所有的模块组装成一个完整的软件系统，接口错误也已经基本排除了，接着就应该进一步验证软件的有效性，这就是确认测试的任务，即证明软件的功能和性能如同用户所合理期待的一样。

系统测试主要包括功能测试、界面测试、可靠性测试、易用性测试、性能测试。功能测试主要针对包括功能可用性、功能实现程度（功能流程&业务流程、数据处理&业务数据处理）方面的测试。

回归测试是指在软件维护阶段，为了检测代码修改而引入的错误所进行的测试活动。回归测试是软件维护阶段的重要工作，有研究表明，回归测试带来的费用占软件生命周期总费用的三分之一以上。与普通的测试不同，在回归测试过程开始时，测试者有一个完整的测试用例集可供使用，因此，如何根据代码的修改情况对已有测试用例集进行有效的复用是回归测试研究的重要方向，此外，回归测试的研究方向还涉及自动化工具、面向对象回归测试、测试用例优先级、回归测试用例补充生成等。

软件测试是一个自底向上逐步集成的过程，低一级的测试为上一级的测试准备条件，其中，单元测试、集成测试、系统测试和确认测试的关系如图 2-8 所示。即首先对每一个程序模块进行单元测试，以确保每个模块能正常工作；然后，把已测试过的模块组装起来，形成一个完整的软件后进行集成测试，以检测和排除与软件设计相关的程序结构问题；接下来是根据用户的需求对系统进行确认测试；为了检验开发的软件是否能与系统的其他部分（如硬件、数据库及操作人员）协调工作，还需进行系统测试。在整个测试过程中，随时可能进行回归测试。

Chapter

2

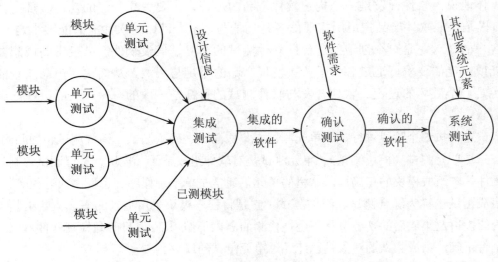

图 2-8　软件测试的阶段

2.2.1　单元测试

单元测试又称为模块测试，它是在软件开发过程中进行的最低级别的测试活动，其测试的对象是软件设计的最小单位——程序模块。

单元测试的目的是：检查每个模块能否正确实现详细设计说明书中的模块功能、性能、接口和设计约束等要求，发现模块内部可能存在的各种错误。

单元测试需要从程序的内部结构出发设计测试用例，进行单元测试时，通常需要两类信息：模块的规格说明书和模块的源代码，主要采用白盒测试技术。多个模块可以平行地独立进行单元测试。

1. 单元测试的模块

在很长一段时间里，行业中普遍认为，单元测试的模块是一个具体的函数，或一个类的方法，而单元测试的执行者是开发人员自己。事实上，开发人员往往对自己写的程序充满信心，他们会急于进行集成而忽略单元测试。规模越大的代码集成意味着复杂度越高，结果很可能导致一些缺陷过早地被忽略，从而造成严重的影响。

在规范的软件测试过程中，单元测试由专业测试人员完成，测试人员需要获得两类信息：模块的规格说明书和模块的源代码。这样的"模块"应该有明确的功能、性能定义，接口定义，可以清晰地与其他模块区分开来。一个可以独立完成的具体功能、一个菜单、一个显示界面都可以是模块。尽管测试的单元（模块）并没有严格的定义，按照前面的理解，它应该具有以下一些基本属性：

- 确定的名称；

- 明确规定的功能；
- 内部使用的数据或称局部数据；
- 与其他模块或外界的数据联系；
- 实现其特定功能的算法；
- 可被其上层模块调用，也可调用其下属模块进行协同工作。

单元测试的目的是要检测程序模块中有无故障存在，也就是说，一开始并不是把程序作为一个整体来测试，而是首先集中注意力来测试程序中较小的结构块，以便发现并纠正模块内部的故障。正是这个原因，测试过程中往往会对多个模块"并行"进行单元测试。下面介绍单元测试的任务和过程。

2. 单元测试的任务

（1）模块接口测试。

模块接口测试是单元测试的基础。只有在数据能够正确地进入、流出的前提下，其他测试才有意义。模块接口测试应该考虑下列一些因素：

- 模块输入参数的个数与形参的个数是否相同；
- 模块输入参数的属性与形参的属性是否匹配；
- 模块输入参数的使用单位与形参的使用单位是否一致；
- 调用其他模块时，实际参数的个数与被调用模块形参的个数是否相同；
- 调用其他模块时，实际参数的属性与被调用模块形参的属性是否匹配；
- 调用其他模块时，实际参数的使用单位与被调用模块形参的使用单位是否一致；
- 调用预定义函数时，所使用参数的个数、属性和次序是否正确；
- 在模块有多个入口的情况下，是否有与当前入口无关的参数引用；
- 是否修改了只作为输入值的形参；
- 各模块对全局变量的定义是否一致；
- 是否把某些常数当作变量来传递等。

如果模块涉及了外部的输入输出，还应该考虑下列因素：

- 文件属性是否正确；
- OPEN/CLOSE 语句是否正确；
- 格式说明与输入输出语句是否匹配；
- 缓冲区大小与记录长度是否匹配；
- 文件使用前是否已经打开；
- 文件结束条件是否正确；
- 输入输出错误处理是否正确；
- 输出信息中是否有文字性错误等。

（2）模块局部数据结构测试。

模块局部数据结构测试检查临时存放在模块内的数据在程序执行过程中是否正确、完整，包括内部数据的内容、形式以及相互之间的关系。局部数据结构往往是故障的根源，应注意发现下面的几类错误：

- 不正确或不相容的类型说明；
- 不正确的初始化或缺省值；
- 不正确的变量名（如拼写错误或不正确地截断）；
- 下溢、上溢或地址异常等。

除局部数据结构外，单元测试还应检测全局数据对模块的影响。

（3）模块边界条件测试。

模块边界条件测试检测在数据边界处模块能否正常工作。模块边界测试是单元测试的一个关键任务，很可能发现新的软件故障。实践表明，边界是特别容易出现故障的地方。例如，数组的边界元素，循环执行的边界条件等。我们往往需要考察这些边界的第一个与最后一个、最小值与最大值、最长与最短、最快与最慢、最高与最低、相邻与最远等特征。一些可能与边界有关的数据类型有数值、速度、字符、地址、位置、尺寸、数量等。

（4）模块覆盖测试。

模块覆盖测试检测模块运行能否满足特定的逻辑覆盖。

逻辑覆盖要求对被测模块的结构做到一定程度的覆盖。单元测试应对模块中的每一条独立路径进行测试，以检测因计算错误、比较错误和不适当的控制转向而造成的故障。常见的计算错误包括：

- 误用或用错了算符优先级；
- 混合类型运算中的类型转换问题；
- 初始化错误；
- 计算精度不够；
- 表达式中符号表示错误。

比较判断常与控制流紧密相关，比较错误势必导致控制流错误，因此单元测试还应致力于发现以下错误：

- 不同数据类型的数据进行比较；
- 错误地使用逻辑运算符或优先级；
- 本应相等的数据由于精确度原因而不相等；
- 变量本身有错；
- 循环终止不正确或循环不终止；
- 迭代发散时不能退出；
- 错误地修改了循环控制变量。

（5）出错处理检测。

出错处理检测检测模块出错处理是否有效。程序运行出现异常并不奇怪，良好的设计应该预先估计到各种可能的出错情况，并给出相应的处理措施，使用户遇到这些情况时不至于束

手无策。检验程序出错处理也是单元测试的一个任务,对于可能出现的错误处理,应着重检查以下几种情况:

- 运行发生错误的描述是否难以理解;
- 指明的错误与实际遇到的错误是否一致;
- 出错后,是否尚未进行出错处理便引入系统干预;
- 异常处理是否得当;
- 错误描述中是否提供了足够的错误定位信息。

3. 单元测试的过程

单元测试一般在编码之后进行。由于每个模块在整个软件中并不是孤立的,在对每个模块进行单元测试时,需要考虑它和周围模块之间的相互联系。为模拟这一联系,在进行单元测试时,必须设置若干个辅助测试模块,这些辅助模块分为两种:

- 驱动模块:用于模拟被测模块的上级模块,相当于被测模块的主程序;
- 桩模块:用于模拟被测模块的下级模块,相当于被测模块调用的子模块。

被测模块与其相关的驱动模块和桩模块共同构成了一个"测试环境",如图2-9所示。图中设置了一个驱动模块和4个桩模块。驱动模块在单元测试中接受测试数据并将这些数据传递到被测试模块,启动被测模块,并打印出相应的结果。桩模块则由被测模块调用,它们仅作少量的数据处理,例如打印入口和返回,以便于检验被测模块与其下级模块之间的接口。

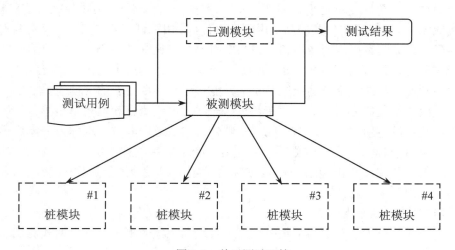

图2-9　单元测试环境

设计驱动模块和桩模块是一项额外的工作。虽然在单元测试中必须编写这些辅助模块,但它们却不是软件产品的组成部分。如果驱动模块和桩模块比较简单,实际开销相对低些。遗憾的是,有时仅用简单的驱动模块和桩模块并不能完成某些模块的测试任务,特别是桩模块,不能只简单地给出"曾经进入"的信息。为了能够正确地测试软件,桩模块可能需要模拟实际子模块的功能，这样的桩模块建立就不是很轻松了。

在实际软件开发工作中，单元测试和代码编写所花费的精力大致相同。经验表明：单元测试可以发现很多软件故障，并且修改它们的成本也很低。在软件开发的后期，发现并修复软件故障将变得更加困难，将花费大量的时间和费用，因此，有效的单元测试是保证全局质量的一个重要部分。在经过测试单元后，系统集成过程将会大大地简化，测试人员可以将精力集中在单元之间的交互作用和全局的功能实现上，而不是陷入充满故障的单元之中不能自拔。

2.2.2　集成测试

所有功能基本独立的模块经过了严格的单元测试后，整个测试过程才刚刚开始，对于大型和复杂的软件系统尤其如此。

集成测试也称为组装测试，通常在单元测试的基础上，通过适当的集成策略，将程序模块有序、递增地组装起来进行测试。

集成测试的目的是检验程序单元或部件的接口关系，逐步集成为符合总体设计要求的程序部件或整个系统。软件集成的过程是一个持续的过程，会形成很多个临时的版本，在不断的集成过程中，功能集成的稳定性是真正的挑战。在每个版本提交时，都需要进行冒烟测试，即对程序主要功能进行验证。冒烟测试也称为版本验证测试或提交测试。

1. 集成策略

在每个模块完成单元测试之后，需要着重考虑的一个问题是：通过什么方式将模块组合起来进行集成测试，这将影响到模块测试用例的设计、所用测试工具的类型、模块编码的次序、测试的次序以及设计测试用例的费用和纠错的费用等。可见这是一个相当重要的问题。

在集成过程中，需要考虑许多方面的问题。例如：一个模块的功能是否会对另一个模块的功能产生不利的影响；各个子功能组合起来，能否达到预期要求的父功能等。

通常，把模块组装成为系统的方式有两种：一次性组装测试和增式组装测试。

一次性组装测试将模块一次性组合成一个整体，然后进行测试，也称为大爆炸测试方式。

增式组装测试也称为增式集成测试。首先对一个个模块进行模块测试，然后将这些模块逐步组装成较大的系统，在组装的过程中边连接边测试，以发现连接过程中产生的问题，通过增殖逐步组装成为要求的软件系统。

2. 增式组装测试的种类

增式组装方式又分为：自顶向下集成测试、自底向上集成测试、混合增式测试。

（1）自顶向下集成测试。

自顶向下集成从主控模块开始，按照软件的控制层次结构，逐步把各个模块集成在一起。自底向上集成则从最下层的模块开始，按照程序的层次结构，逐渐形成完整的整体。

自顶向下增式集成测试的具体步骤是：

第 1 步：对主控模块进行单元测试，然后以主控模块作为测试驱动模块，把对主控模块进行单元测试时引入的所有桩模块逐渐用实际模块替代。

第 2 步：依据所选的集成策略，每次只替代一个桩模块。

第 3 步：每集成一个模块立即测试一遍。

第 4 步：只有每组测试完成后，才着手替换下一个桩模块。

第 5 步：为避免引入新故障，需不断地进行回归测试（即全部或部分地重复已做过的测试）。

重复进行第 2 到第 5 步，直至整个程序结构集成完毕。

自顶向下集成测试可以自然地做到逐步求精，让测试人员看到系统的雏形，有助于对程序的主要控制和决策模块进行检验，增强测试人员的信心。不足之处在于：测试较高层模块时，由于低层处理用桩模块替代，不能反映真实情况，重要数据不能及时回送到上层模块，观察和解释测试输出往往比较困难。

为了解决这个问题，可以采用以下几种办法：

● 把某些模块测试推迟到用真实模块替代桩模块之后进行；

● 开发出能模拟真实模块的桩模块；

● 采用自底向上集成测试方法。

第一种方法实际上是非增式集成测试方法，这种方法使故障难于定位和纠正，并且失去了在组装模块时进行一些特定测试的可能性；第二种方法无疑会大大增加开销；第三种方法是一种比较切实可行的方法。

（2）自底向上集成测试。

自底向上增式集成测试是从软件结构的最下层模块开始测试的，测试较高层模块时，所需下层模块功能都已具备，所以不再需要桩模块。

自底向上增式集成测试的步骤为：

第 1 步：把低层模块组织成实现某个子功能的模块群。

第 2 步：开发一个测试驱动模块，控制测试数据的输入和测试结果的输出。

第 3 步：对每个模块群进行测试。

第 4 步：删除测试使用的驱动模块，用较高层模块把模块群组织成完成更大功能的新模块群。

重复进行第 1 步到第 4 步，直至整个程序集成完毕。

自底向上集成测试对最下层模块测试之后，同样也没有什么"最好的"方法来选择下一个要测试的模块，选择下一个待测模块的唯一原则是：所有下层的模块（即它能调用的模块）必须事先都被测试过。

自底向上集成测试方法不需要桩模块，测试用例的设计亦相对比较简单，也不存在还没把前面的模块完全测试完又开始测试另一模块的问题。如果关键模块是在结构图的底部，自底向上测试具有一定的优越性，但在测试初期不能呈现出被测系统的轮廓。实际上，直到最后一个模块加入时才具有整体形象，才能形成完整的程序。

对于大多数情况来说，自底向上集成测试和自顶向下集成测试正好相反；自顶向下集成测试的优点正是自底向上测试的缺点，而自顶向下集成测试的缺点却是自底向上集成测试的优点（表 2-2）。

表 2-2　自顶向下集成测试与自底向上集成测试比较

集成方法	优点	缺点
自顶向下集成测试	1．主要故障发生在程序的顶端时，有利于查出故障； 2．一旦加入 I/O 功能，测试用例易于形成； 3．初期的程序轮廓可以让人们看到程序的功能，增强信心	1．需要桩模块； 2．在 I/O 功能加入以前，很难描述测试用例； 3．很难观察测试输出； 4．容易使人推迟完成某些模块的测试
自底向上集成测试	1．主要故障发生在程序的底端时，有利于查出故障； 2．测试用例容易生成； 3．观察测试结果容易	1．需要驱动程序； 2．在加入最后一个模块之前，程序不能作为一个整体存在

（3）混合增式测试。

比较典型的混合增式测试是衍变后的自顶向下的增式测试。它分为以下三个步骤：首先对 I/O 模块和引入新算法模块进行测试；再自底向上组装成为功能相当完整且相对独立的子系统；然后由主模块开始自顶向下进行增殖测试。

自底向上的增式集成在最后一个模块加上之前程序不完整，自顶向下增式集成则在早期就有了程序的轮廓版本，但其涉及的桩模块较多，测试费用较高。它们各有优劣，一种方案的长处是另一种方案的短处。一种有效的选择是基于风险优选模块集成次序，混合采用自底向上和自顶向下的集成测试方法。例如，与高风险功能有关的模块可以较早进入集成测试，而与低风险功能有关的模块可以较晚进行测试。

3．关键模块问题

在组装测试时，应当确定关键模块，对这些关键模块及早进行测试。

关键模块的特征是：

● 满足某些软件需求；

● 在程序的模块结构中位于较高的层次（高层控制模块）；

● 较复杂、较易发生错误；

● 有明确定义的性能要求。

2.2.3　确认测试

确认测试又称有效性测试。任务是验证软件的功能和性能及其他特性是否与用户的要求一致。对软件的功能和性能要求在软件需求规格说明书中已经明确规定。它包含的信息就是软件确认测试的基础。确认测试应交付的文档有：

● 确认测试分析报告；

● 最终的用户手册和操作手册；

- 项目开发总结报告。

确认测试的任务：验收软件的有效性（功能和性能达标）。

确认测试的手段：黑盒测试；用户参与；主要用实际数据进行测试。

确认测试的内容：按合同规定审查软件配置；设计测试计划，使通过测试保证软件能满足所有功能、性能要求；文档与程序一致，具有维护阶段所必须的细节；严格按用户手册操作，以检查手册的完整性和正确性。

2.2.4　系统测试

系统测试，是将通过确认测试的软件，作为整个基于计算机系统的一个元素，与计算机硬件、外设、某些支持软件、数据和人员等其他系统元素结合在一起，在实际运行环境下，对计算机系统进行一系列的组装测试和确认测试。

它是为了验证和确认系统是否达到其原始目标，对集成的硬件和软件系统进行的测试。系统测试是在真实模拟系统运行的环境下，检查完整的程序系统能否和系统（包括硬件、外设、网络和系统软件、支持平台等）正确配置、连接，并满足用户需求。

系统测试的目的在于通过与系统的需求定义作比较，发现软件与系统的定义不符合或与之矛盾的地方。系统测试实际上是一系列不同的测试，以下是用于系统测试的几种典型的系统测试内容。

1. 恢复测试

恢复测试是一种系统测试，它以不同的方式强制软件出现故障，用来检验软件是否能恰当地完成恢复。如果恢复是自动的，则重新初始化、检测点设置、数据恢复以及重新启动等都是对其正确性的评价；如果恢复需要人员的干预，则要估算出修复的平均时间，以及确定它是否能在可接受的限制范围内。

2. 安全性测试

安全性测试就是试图去验证建立在系统内的预防机制，以防止来自非正常的侵入。它主要包括以下内容：

- 充当任何角色，测试者可以通过外部书写的方式得到口令；
- 可以使用用户设计的软件去破坏已构造好的任何防御的袭击系统；
- 可以破坏系统，使系统不能为他人服务；
- 可以跳过侵入的恢复过程，而故意使系统出错；
- 可以跳过找出系统的入口钥匙，而放过看到的不安全数据等。

3. 强度测试

强度测试要求在一个非正常数量、频率或容量资源方式下运行一个系统。

4. 性能测试

性能测试就是测试软件在被组装进系统的环境下运行时的性能；性能测试应覆盖测试过程的每一步，即使在单元层，单个模块的性能也可以通过白盒测试来评价；性能测试有时与强度测试联系在一起，常常需要硬件和软件的测试设备。

2.2.5　回归测试

回归测试用于检测修改了旧代码后，是否引入新的错误或导致其他代码产生错误。回归测试作为软件生命周期的一个组成部分，在整个软件测试过程中占有很大的工作量比重，软件开发的各个阶段都会进行多次回归测试。在渐进和快速迭代开发中，新版本的连续发布使回归测试进行得更加频繁，而在极端编程方法中，更是要求每天都进行若干次回归测试。自动回归测试将大幅降低系统测试、维护升级等阶段的成本。因此，通过选择正确的回归测试策略来改进回归测试的效率和有效性是非常有意义的。

回归测试是重复执行以前的全部或部分相同的测试工作。新加入测试的模组，可能对其他模组产生副作用，故需进行不同程度的回归测试。回归测试的重心，以关键性模组为核心。

1．回归测试过程

回归测试过程为：

（1）识别出软件中被修改的部分；

（2）从原基线测试用例库「T」中，排除所有不再适用的测试用例，确定对新版本依然有效的测试用例，建立新的基线测试用例库「TN」；

（3）依据一定的策略从「TN」中选择测试用例测试被修改的软件；

（4）如果必要，生成新的测试用例集「T1」，用于测试「TN」无法充分测试的软件部分；

（5）用「T1」执行修改后的软件。

第（2）和第（3）步测试验证修改是否破坏了现有的功能，第（4）和第（5）步测试验证修改工作本身。

2．回归策略

对于一个软件开发项目来说，项目的测试组在实施测试的过程中会将所开发的测试用例保存到"测试用例库"「T」中，并对其进行维护和管理。当得到一个软件的基线版本时，用于基线版本测试的所有测试用例就形成了基线测试用例库「TN」。在需要进行回归测试时，就可以根据所选择的回归测试策略，从基线测试用例库中提取合适的测试用例组成回归测试包，通过运行回归测试包来实现回归测试。保存在基线测试用例库中的测试用例可能是自动测试脚本，也有可能是测试用例的手工实现过程。

回归测试需要时间、经费和人力来计划、实施和管理。为了在给定的预算和进度下，尽可能有效率和有效力地进行回归测试，需要对测试用例库进行维护并依据一定的策略选择相应的回归测试包。

（1）测试用例库的维护。

为了最大限度地满足客户的需要和适应应用的要求，软件在其生命周期中会频繁地被修改和不断推出新的版本，修改后的或者新版本的软件会添加一些新的功能或者在软件功能上产生某些变化。随着软件的改变，软件的功能和应用接口以及软件的实现发生了演变，测试用例库中的一些测试用例可能会失去针对性和有效性，而另一些测试用例可能会变得过时，还有一些测试用例将完全不能运行。为了保证测试用例库中测试用例的有效性，必须对测试用例库进行维护。同时，被修改的或新增添的软件功能，仅靠重新运行以前的测试用例并不足以揭示其中的问题，有必要追加新的测试用例来测试这些新的功能或特征。因此，测试用例库的维护工作还应包括开发新测试用例，这些新的测试用例用来测试软件的新特征或者覆盖现有测试用例无法覆盖的软件功能或特征。

测试用例的维护是一个不间断的过程，通常可以将软件开发的基线作为基准，维护的主要内容包括下述几个方面。

● 删除过时的测试用例。

因为需求的改变等原因可能会使一个基线测试用例不再适合被测试系统，这些测试用例就会过时。例如，某个变量的界限发生了改变，原来针对边界值的测试就无法完成对新边界测试。所以，在软件的每次修改后都应进行相应的过时测试用例的删除。

● 改进不受控制的测试用例。

随着软件项目的进展，测试用例库中的用例会不断增加，其中会出现一些对输入或运行状态十分敏感的测试用例。这些测试不容易重复且结果难以控制，会影响回归测试的效率，需要进行改进，使其达到可重复和可控制的要求。

● 删除冗余的测试用例。

如果存在两个或者更多个测试用例针对一组相同的输入和输出进行测试，那么这些测试用例是冗余的。冗余测试用例的存在降低了回归测试的效率。所以需要定期的整理测试用例库，并将冗余的用例删除掉。

● 增添新的测试用例。

如果某个程序段、构件或关键的接口在现有的测试中没有被测试，那么应该开发新测试用例重新对其进行测试。并将新开发的测试用例合并到基线测试包中。

通过对测试用例库的维护不仅改善了测试用例的可用性，而且也提高了测试库的可信性，同时还可以将一个基线测试用例库的效率和效用保持在一个较高的级别上。

（2）回归测试包的选择。

在软件生命周期中，即使一个得到良好维护的测试用例库也可能变得相当大，这使每次回归测试都重新运行完整的测试包变得不切实际。一个完全的回归测试包括每个基线测试用例，时间和成本约束可能阻碍运行这样一个测试，有时测试组不得不选择一个缩减的回归测试包来完成回归测试。

回归测试的价值在于它是一个能够检测到回归错误的受控实验。当测试组选择缩减的回归测试时，有可能删除了将揭示回归错误的测试用例，消除了发现回归错误的机会。然而，如果采用了代码相依性分析等安全的缩减技术，就可以决定哪些测试用例可以被删除而不会让回归测试的意图遭到破坏。

选择回归测试策略应该兼顾效率和有效性两个方面。常用的选择回归测试的方式包括：

- 再测试全部用例。

选择基线测试用例库中的全部测试用例组成回归测试包，这是一种比较安全的方法，再测试全部用例具有最低的遗漏回归错误的风险，但测试成本最高。全部再测试几乎可以应用到任何情况下，基本上不需要进行分析和重新开发，但是，随着开发工作的进展，测试用例不断增多，重复原先所有的测试将带来很大的工作量，往往超出预算和进度。

- 基于风险选择测试。

可以基于一定的风险标准从基线测试用例库中选择回归测试包。首先运行最重要的、关键的和可疑的测试，而跳过那些非关键的、优先级别低的或者高稳定的测试用例，这些用例即便可能测试到缺陷，这些缺陷的严重性也仅有三级或四级。一般而言，测试从主要特征到次要特征。

- 基于操作剖面选择测试。

如果基线测试用例库的测试用例是基于软件操作剖面开发的，测试用例的分布情况反映了系统的实际使用情况。回归测试所使用的测试用例个数可以由测试预算确定，回归测试可以优先选择那些针对最重要或最频繁使用功能的测试用例，释放和缓解最高级别的风险，有助于尽早发现那些对可靠性有最大影响的故障。这种方法可以在一个给定的预算下最有效地提高系统可靠性，但实施起来有一定的难度。

- 再测试修改的部分。

当测试者对修改的局部化有足够的信心时，可以通过相依性分析识别软件的修改情况并分析修改的影响，将回归测试局限于被改变的模块和它的接口上。通常，一个回归错误一定涉及一个新的、修改的或删除的代码段。在允许的条件下，回归测试尽可能覆盖受到影响的部分。

再测试全部用例的策略是最安全的策略，但已经运行过许多次的回归测试不太可能揭示新的错误，而且很多时候，由于时间、人员、设备和经费的原因，不允许选择再测试全部用例的回归测试策略，此时，可以选择适当的策略进行缩减的回归测试。

在实际工作中，回归测试需要反复进行，当测试者一次又一次地完成相同的测试时，这些回归测试将变得非常令人厌烦，而在大多数回归测试需要手工完成的时候尤其如此，因此，需要通过自动测试来实现重复的和一致的回归测试。通过测试自动化可以提高回归测试效率。为了支持多种回归测试策略，自动测试工具应该是通用的和灵活的，以便满足达到不同回归测试目标的要求。

在测试软件时，应用多种测试技术是常见的。当测试一个修改了的软件时，测试者也可能希望采用多于一种回归测试策略来增加对修改软件的信心。不同的测试者可能会依据自己的经验和判断选择不同的回归测试技术和策略。

2.3 软件测试模型

过去人们往往认为测试是软件开发完成之后的行为，这在软件开发瀑布模型中得以典型地体现。现代软件工程认为，软件测试贯穿于整个软件开发过程，可以将测试行为分为同步测试和后期测试两个方面，如图 2-10 所示。

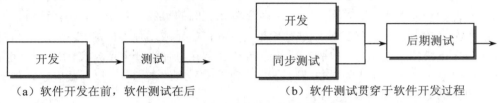

（a）软件开发在前，软件测试在后　　（b）软件测试贯穿于软件开发过程

图 2-10　软件测试过程的两种境界图

在当前主流的软件生命周期模型（如瀑布模型、原型模型、螺旋模型、增量模型、渐进模型、喷泉模型等，详见 2.1.2 节）中，软件测试的价值并未得以足够的重视和体现，利用这些模型无法更好地指导测试工作。

软件测试和软件开发一样，都遵循软件工程原理，遵循管理学原理。测试专家通过实践总结出了很多很好的测试模型。这些模型将测试活动进行了抽象，明确了测试与开发之间的关系，是测试管理的重要参考依据。

下面我们将介绍几种典型的软件测试模型。

2.3.1　V 模型

V 模型是最具有代表意义的测试模型。V 模型是软件开发瀑布模型的变种，它反映了测试活动与分析和设计的关系（如图 2-11 所示）。

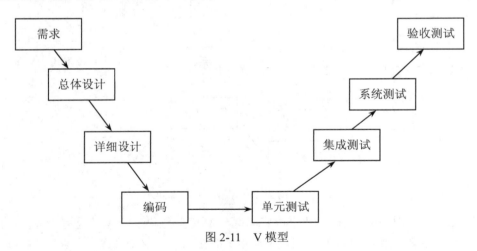

图 2-11　V 模型

- 从左到右，描述了基本的开发过程和测试行为，非常明确地标明了测试过程中存在的不同级别，并且清楚地描述了这些测试阶段和开发过程期间各阶段的对应关系。
- 左边依次下降的是开发过程各阶段，与此相对应的是右边依次上升的部分，即测试过程的各个阶段。

在 V 模型中，单元测试是基于代码的测试，用以验证其可执行程序代码的各个部分是否已达到了预期的功能要求；集成测试验证了多个单元之间的集成是否正确，并有针对性地对详细设计中所定义的各单元之间的接口进行检查；在所有单元测试和集成测试完成后，系统测试开始以客户环境模拟系统运行，以验证系统是否达到了在总体设计中所定义的功能和性能；系统测试应检测系统功能、性能的质量特性是否达到系统要求的指标；验收测试确定软件的实现是否满足用户需要或合同的要求。

V 模型的价值在于它非常明确地标明了测试过程中存在的不同级别，并且清楚地描述了这些测试阶段和开发过程期间各阶段的对应关系。局限性：把测试作为编码之后的最后一个活动，需求分析等前期产生的错误直到后期的验收测试才能发现。

2.3.2 W 模型

V 模型的局限性在于没有明确地说明早期的测试，无法体现"尽早地和不断地进行软件测试"的原则。在 V 模型中增加软件各开发阶段应同步进行的测试，演化为 W 模型（如图 2-12 所示）。在模型中不难看出，开发是"V"，测试是与此并行的"V"。基于"尽早地和不断地进行软件测试"的原则，在软件的需求和设计阶段的测试活动应遵循 IEEE1012-1998《软件验证与确认（V&V）》的原则。

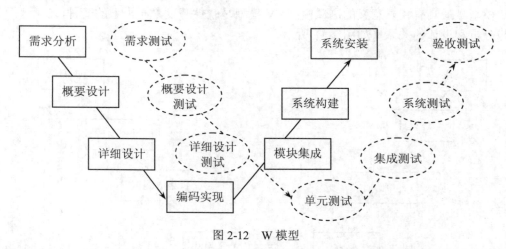

图 2-12　W 模型

W 模型由 Evolutif 公司提出，相对于 V 模型，W 模型更科学。W 模型是 V 模型的发展，强调的是测试伴随着整个软件开发周期，而且测试的对象不仅仅是程序，需求、功能和设计同样要测试。测试与开发是同步进行的，从而有利于尽早地发现问题。

然而，W 模型也有局限性。W 模型和 V 模型都把软件的开发视为需求、设计、编码等一系列串行的活动，无法支持迭代、自发性以及变更调整。

2.3.3　X 模型

　　X 模型也是对 V 模型的改进，如图 2-13 所示，X 模型的左边描述的是针对单独的程序片段进行相互分离的编码和测试，此后通过频繁的交接，通过集成最终合成为可执行的程序。已通过集成测试的成品可以进行封装并提交给用户，也可以作为更大规模和范围内集成的一部分。多根并行的曲线表示变更可以在各个部分发生。由图中可见，X 模型还定位了探索性测试，这是不进行事先计划的特殊类型的测试，这一方式往往能帮助有经验的测试人员在测试计划之外发现更多的软件错误。但这样可能造成人力、物力和财力的浪费，对测试员的熟练程度要求比较高。

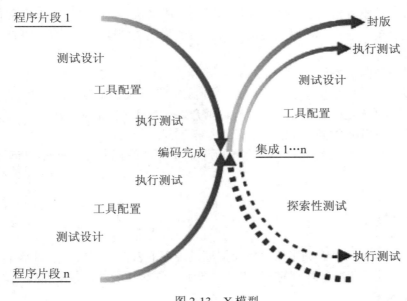

图 2-13　X 模型

2.3.4　H 模型

　　H 模型中，软件测试过程活动完全独立，贯穿于整个产品的周期，与其他流程并发地进行，某个测试点准备就绪时，就可以从测试准备阶段进行到测试执行阶段。软件测试可以尽早地进行，并且可以根据被测物的不同而分层次进行，如图 2-14 所示。

　　示意图演示了在整个生产周期中某个层次上的一次测试"微循环"。图中标注的其他流程可以是任意的开发流程，例如设计流程或者编码流程。也就是说，只要测试条件成熟了，测试准备活动完成了，测试执行活动就可以进行了。

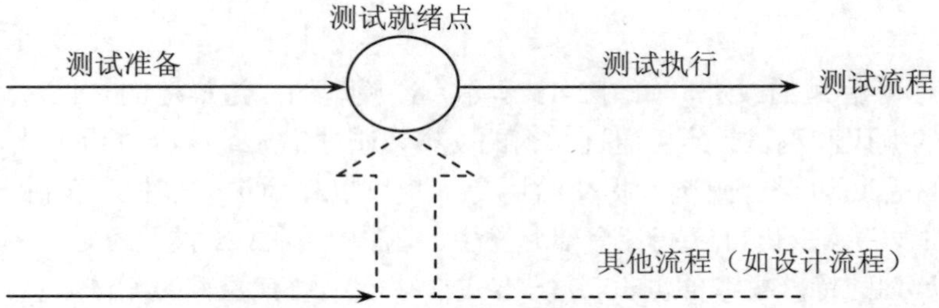

测试就绪点

测试准备　　　　　　　　　　测试执行　　　测试流程

其他流程（如设计流程）

图 2-14　H 模型

H 模型揭示了一个原理：软件测试是一个独立的流程，贯穿产品整个生命周期，与其他流程并发地进行。H 模型指出软件测试要尽早准备，尽早执行。不同的测试活动可以是按照某个次序先后进行的，但也可能是反复的，只要某个测试达到准备就绪点，测试执行活动就可以开展。

上述介绍的四种模型的主要特点为：

- V 模型：非常明确地标注了测试过程中存在的不同类型的测试。
- W 模型：非常明确地标注了生产周期中开发与测试之间的对应关系。
- X 模型：指出整个测试过程是在探索中进行的。
- H 模型：指出软件测试是一个独立的流程，贯穿产品整个生命周期，与其他流程并发地进行。

本章从软件工程的角度介绍了软件生命周期及主要的软件过程模型，讲解了软件测试的阶段划分，明确了软件测试各阶段的主要任务，介绍了四种主要的软件测试模型，即 V 模型、W 模型、X 模型及 H 模型。

练习 1. 简述什么是软件生命周期。

练习 2. 什么是软件过程模型，怎样合理地选择软件过程模型？

练习 3. 软件测试通常可以划分为哪几个阶段，各个阶段的主要任务是？

练习 4. 典型的软件测试模型有哪些？

练习 5. 软件测试模型与软件过程模型有什么联系？

练习 6. 怎样合理地选择软件测试模型？

3

软件测试过程与管理

教学要求

1. 掌握：软件测试过程的具体步骤。
2. 理解：测试计划、测试设计和测试执行的工作要点。
3. 了解：软件测试团队管理和文档管理。

3.1 软件测试过程

为了保证软件的质量，软件测试过程应该从软件项目的确立之时就开始进行，并且贯穿于整个软件开发生命周期。对软件测试过程的有效管理能更好的保证软件的质量。一般来说软件测试过程包括测试需求分析、测试计划、测试设计、测试执行和测试总结等几个步骤。这里要注意的是，以上列出的是测试过程的主要步骤，并不是软件测试过程的全部内容，如根据实际情况还可以进行测试计划评审、用例评审和测试培训等步骤。

3.1.1 测试需求分析

在制订测试计划之前，需要先进行测试需求分析。测试需求分析是软件测试过程中的一个重要环节，测试一款软件首先要知道该软件的应用领域、能实现哪些功能，用户对该软件的性能需求是怎样的，软件需要运行在什么软硬件环境中，进行测试需要准备哪些资源等。因此，一般来说，测试需求分析包括软件功能需求分析、性能需求分析、测试环境需求分析和测试资源需求分析等。通过测试需求分析确定要测试的内容和各自的重要性及优先级，使测试计划和测试设计更有目的性，在需求的指导下设计出更多更有效的用例。测试需求分析的文档依据有软件需求文档、软件规格书以及开发人员的设计文档等。

测试需求分析完成的标准是：

（1）所有具体测试范围已确定，包括软件功能测试范围和软件性能测试范围。

（2）测试环境和测试资源已确定。

（3）测试需求文档制订完成。

（4）测试需求经过评审通过，并得到客户认可。

3.1.2 测试计划

测试需求分析完成后就应该进行测试计划，测试计划通常由测试分析员设计完成，测试计划主要是根据项目开发计划和测试需求分析结果而制订。测试计划一般包括以下一些内容。

1. 项目背景

介绍被测软件的一些基本情况，例如被测软件的应用领域，特点和主要的功能模块等。再介绍进行该软件测试项目的原因。一个软件测试项目通常是在软件设计开发完成后，交付用户使用之前为保证软件质量而进行。但有种情况是用户已经开始使用该软件系统，在使用之中，发现了系统存在的一些问题，为了更加系统和有效地发现系统中的其他问题，而进行的测试项目。

2. 系统视图

通过系统视图将要测试的软件在逻辑上划分成多个组成部分，规划成一个适用于测试的完整的系统，确定每一个部分的测试要达到什么样的目的。

3. 测试策略

测试策略是整个测试计划的重点所在，要描述如何客观有效地开展测试。要考虑模块、功能、整体系统、版本、性能、配置和安装等各个因素的影响。要尽可能地考虑到细节，越详细越好，并制作测试记录文档的模板，为即将开始的测试做准备。

4. 测试资源配置

制订一个项目资源计划，包含每一个阶段任务所需要的资源。当发生类似某个资源使用期限到了或者资源共享发生冲突时，要及时更新配置计划。

5. 时间进度安排

测试的计划表可以做成一个多项目通用的形式，根据大致的时间估计来制作，操作流程要以软件测试的常规周期作为参考，也可以是根据什么时候应该测试哪一个模块来制订。

6. 缺陷跟踪报告规定

在测试的计划阶段，我们应该明确如何准备做一个缺陷报告以及如何界定一个缺陷的性质。缺陷报告要包括缺陷的发现者和修改者、缺陷发生的频率、用了什么样的测试用例测出该缺陷的，以及明确缺陷产生时的测试环境。

7. 测试团队和文档管理

在测试计划中需要确定测试团队的组成、团队中成员角色职责和任务分配，以及明确在测试过程中生成的文档由谁编制及由谁统一管理，还需要明确进行项目报告的周期，报告人和报告接受者。

8. 测试计划的评审

测试计划的评审又称为测试规范的评审，在测试真正实施开展之前必须要认真的检查测试计划，获得整个测试部门人员的认同，包括部门负责人的同意和签字。

做好软件的测试计划不是一件容易的事情，需要综合考虑各种影响测试的因素。为了做好软件测试计划，需要注意以下几个方面。

（1）明确测试的目标。

当今任何商业软件都包含了丰富的功能，因此，软件测试的内容千头万绪，如何在纷乱的测试内容之间提炼测试的目标，是制订软件测试计划时首先需要明确的问题。测试目标必须是明确的，可以量化和度量的，而不是模棱两可的宏观描述。另外，测试目标应该相对集中，避免罗列出一系列目标，从而轻重不分或平均用力。根据对用户需求文档和设计规格文档的分析，确定被测软件的质量要求和测试需要达到的目标。

软件测试计划的价值在于它对测试项目管理的帮助。编写软件测试计划的重要目的就是使测试过程能够发现更多的软件缺陷，因此，软件测试计划中的测试范围必须高度覆盖功能需求、测试方法必须切实可行、测试工具具有较高的实用性、生成的测试结果直观准确。

（2）采用评审和更新机制，保证测试计划满足实际需求。

测试计划写作完成后，如果没有经过评审，直接发送给测试团队，测试计划的内容可能不准确或遗漏测试内容，或者软件需求变更引起测试范围的增减，而测试计划的内容没有及时更新，误导测试执行人员。

测试计划包含多方面的内容，编写人员可能受自身测试经验和对软件需求的理解所限，而且软件开发是一个渐进的过程，所以最初创建的测试计划可能是不完善的、需要更新的。需要采取相应的评审机制对测试计划的完整性、正确性、可行性进行评估。例如，在创建完测试计划后，提交到由项目经理、开发经理、测试经理和市场经理等组成的评审委员会审阅，根据审阅意见和建议进行修正和更新。

（3）分别创建测试计划与测试详细规格、测试用例。

编写软件测试计划要避免一种不良倾向——测试计划"大而全"，无所不包，篇幅冗长，长篇大论，重点不突出。这样既浪费写作时间，也浪费测试人员的阅读时间。"大而全"的一个常见表现就是测试计划文档包含详细的测试技术指标、测试步骤和测试用例。

最好的方法是把详细的测试技术指标包含到独立创建的测试详细规格文档，把用于指导测试小组执行测试过程的测试用例放到独立创建的测试用例文档或测试用例管理数据库中。测试计划和测试详细规格、测试用例之间是战略和战术的关系，测试计划主要从宏观上规划测试活动的范围、方法和资源配置，而测试详细规格、测试用例是完成测试任务的具体战术。

3.1.3 测试设计

当测试计划制订完成后，就可以进行测试设计了，有时候是测试计划中的测试范围和策略确定以后就开始进行测试设计，将测试计划和测试设计并行，从而加快项目进度。软件测试设计是测试过程中的重要活动，测试设计是否合理直接影响测试过程后续活动的效率和有效性，从而影响软件产品的最终质量。

测试设计是以软件的需求规格说明为主要依据，但不是唯一的依据，除了需求规格说明中包括的显现需求之外，测试人员还需要考虑一些隐性的需求，例如竞争对手的产品特点和以前版本发现的缺陷等。

在测试设计的过程中还需要考虑测试功能的重要程度和优先级。用户在使用软件的过程中通常符合著名的"二八现象"，也就是 80%的用户一般只会经常用到软件 20%的功能。这个时候就需要在进行软件测试设计时将重点放在那 20%的功能上，而不是对软件的每个功能都平均地分配测试资源和时间。

进行软件测试设计通常是从业务逻辑、用户场景和用户需求等方面进行。

测试通常是以一个功能模块为单位进行。一个业务功能模块是由一系列业务逻辑组成，如果测试用例设计覆盖到所有的逻辑并且保证没有问题的话，该模块的质量至少能够基本保证，再加上一些其他维度的用例补充，那么整个模块的用例质量应该就比较高了。基于逻辑用例的编写过程如下：

（1）熟悉被测功能模块的业务逻辑图。业务逻辑是指一个实体单元为了向另一个实体单元提供服务，应该具备的规则与流程，业务逻辑图是在软件的需求规格说明书中提供。用例设计者需要通过分析业务逻辑图熟悉业务数据流完整的输入和输出过程，并且能够理解为什么这样处理。

（2）分析每个逻辑的正常处理和异常处理是否完善，是否有没有覆盖到的地方。

（3）根据逻辑的正常处理和异常处理编写测试用例，保证每个逻辑都能够有对应的用例覆盖。

（4）编写逻辑用例的过程中应思考如何去改进该用例的测试过程，并且能够及时让开发人员提供对应的接口和调试方法。

基于逻辑的用例设计一个很重要的前提就是假设开发的需求和设计没有问题。但是往往会出现开发人员的部分设计是站在自己的角度上进行考虑的，而没有去关注客户是如何去使用的，甚至对客户的需求本身就理解得有问题,这样设计出来的软件可能跟客户想要的存在差距。另外一点就是场景用例能够通过一系列复杂的操作发现一些逻辑也没有考虑到的地方，这个也是基于逻辑的用例中可能无法考虑完全的。基于用户场景用例设计的过程如下：

（1）搞清楚客户的原始需求，为什么需要这个功能，能够给客户带来的价值是什么。

（2）查看需求说明书中的客户使用的典型用户场景，并且整合到场景用例中。

（3）在需求说明书的基础上进一步分析客户还可能有哪些实际的使用场景。

（4）客户会怎样配置该模块以满足什么样的需求。

（5）软件使用过程中客户会有哪些操作。

基于需求的用例设计主要避免一些被开发遗漏掉的不起眼的需求，而对应的测试在逻辑和用户场景也很难考虑到，这样就可能直接被遗漏。所以基于需求的用例设计相当于是对前面两种用例设计方法的补充。基于需求的用例设计方法过程如下：

（1）参照需求表，并且对照前面的逻辑用例和场景用例，检视是否覆盖到所有需求，如果没有，则应分析原因，看是否逻辑用例或场景用例考虑得还不充分，是的话补充到上面，不是的话则补充到需求用例中。

（2）充分利用相关的用例编写技术，包括边界值分析法、等价类分析法、错误类推测法、路径覆盖法、因果分析法、正交分析法等。

（3）分析用例是否能够通过自动化或其他测试手段来覆盖到。

3.1.4　测试执行

测试过程中最基础的工作就是测试执行。当一个新人刚进入软件测试这个行业时，最开始做的就是按照别人设计好的测试用例进行测试执行。

测试执行通常采用自动化工具测试和人工测试相结合的方式进行。

使用自动化工具进行测试执行的效率会比较高，特别是需要反复进行的工作。在持续修改软件功能的项目中，对功能的测试需要反复进行，人工测试工作量极大。功能性自动化测试工具能够自动进行重复性的工作，验证软件的修改是否引入了新的缺陷，旧的缺陷是否已经修改等，从而减少人工测试的工作量。另外一种适合自动化测试的情况是进行负载压力测试。负载压力测试需要模拟大量并发用户和大数据量，这样的测试用手工不能完成或不能很好地完成，而自动化性能测试工具则可以很好地解决这个问题，在测试脚本运行过程中也不需要人工干预，能够充分利用非工作时间。

虽然自动化测试的效率比较高，但有些情况却不适用，例如：

- 定制型项目：为客户定制的项目。此类项目甚至连采用的开发语言和运行环境也是客户特别要求的。公司在这方面的测试积累少，这样的项目不适合作自动化测试。
- 周期短的项目：项目周期很短，相应的测试周期也很短，因此花大量精力准备的测试脚本，不能得到重复利用。
- 业务规则复杂的项目：业务规则复杂的项目有复杂的逻辑关系和运算关系，工具很难实现。或者要实现这些测试过程，需要投入的测试准备时间比直接进行手工测试所需的时间更长。
- 界面与易用性测试：界面的美观、声音的体验和易用性的测试，是无法使用自动化工具来实现的。

当自动化测试工具不适用于被测对象的测试执行时，就需要进行人工测试。进行人工测试执行的工作量会比较大，为保证测试效率和有效性，在进行测试执行时可以使用以下策略：

（1）首先测试人员要明确"测试的一般工作就是发现缺陷"，整个团队达成共识。这样，测试人员就知道什么是自己真正的工作。这一点不仅在测试执行时发挥作用，而且在设计测试用例时更能发挥作用。

（2）测试执行可以划分为两个阶段。在前一个阶段严格按照测试用例快速进行测试执行，这一阶段的目的就是尽快尽早地发现缺陷。测试用例的执行，应该是帮助我们更快地发现缺陷，而不是成为"发现缺陷"的障碍，使发现缺陷的能力降低。从理论上说，如果缺陷都找出来了，质量也就有保证了。通过前一阶段的快速测试执行，能及时地把发现的缺陷反馈给开发团队，使他们能尽早地修正大部分缺陷。在后一阶段，大部分的测试用例已执行完毕，此时应适当降低测试执行的速度。在这一阶段，测试执行人员应多思考，因为经过前一阶段按照别人设计的测试用例进行测试执行，测试员已对自己所测的部分非常熟悉了，知道可能隐藏的缺陷在哪。此时可以多做些自由测试，这样既可以多发现一些缺陷保证软件质量，更可以提高测试执行员的用例设计水平，为今后的职业发展积累经验。

（3）测试执行要进行有效监控，包括测试执行效率、缺陷历史情况和发展趋势等。根据获得的数据，必要时对测试范围、测试重点等进行调整，包括对测试人员的调整、互换模块测试等手段，提高测试覆盖度，降低风险。

3.1.5　测试总结

测试执行完成后，需要进行测试总结，进行测试总结的内容包括以下几点：

（1）通过对测试结果的分析，得到对软件质量的评价。

（2）分析测试的过程、产品、资源和信息，为以后制订测试计划提供参考。

（3）评估测试的测试执行和测试计划是否符合。

（4）分析系统存在的缺陷，为修复和预防缺陷提供建议。

缺陷分析是测试总结的重要组成部分，可以分为：缺陷类型分布分析、缺陷区域分布分析和缺陷状态分布分析等。

1.　缺陷类型分布分析

缺陷类型分布分析主要描述缺陷类型的分布情况，看缺陷属于哪些类型的错误。这些信息有助于引起开发人员的注意，并分析缺陷为什么会集中在这种类型。例如，如果缺陷主要是界面类型的，如界面提示信息不规范、界面布局凌乱等，那么就要讨论是否需要制定相应的界面规范，让开发人员遵循，从而防止类似问题的出现。

2.　缺陷区域分布分析

缺陷区域分布报告主要描述缺陷在不同功能模块出现的情况，这些信息有助于开发人员分析为什么缺陷会集中出现在某个功能模块。例如，如果缺陷主要集中在单据的审批过程功能中，那么就要分析是否是审批流程调用的工作流接口设计得不合理。

3.　缺陷状态分布分析

缺陷状态分布分析主要描述缺陷各种状态的比例情况，用于评估测试和产品的现状。一般来说缺陷的状态包括如下：New、Assigned、Rejected、Open、Fixed、Postponed、Closed 和 Reopen 等。

- New（新发现）：新发现的缺陷提交到缺陷库中会被设置成"New"状态。
- Assigned（已指派）和 Rejected（被拒绝）：New 状态的缺陷会被提交给开发项目组，开发组的负责人将确认这是否是一个缺陷，如果是，就将这个缺陷指定给某位开发人员处理，并将缺陷的状态设定为"Assigned"；如果开发项目组负责人发现这是产品说明书中定义的正常行为或者经过与开发人员的讨论之后认为这并不能算作缺陷时，开发组负责人就将这个缺陷的状态设置为"Rejected"。
- Open（已打开）：开发人员开始处理缺陷时，他将这个缺陷的状态设置为"Open"，表示开发人员正在处理这个缺陷。
- Fixed（已修复）：当开发人员解决完缺陷后，就可以将这个缺陷的状态设置为"Fixed"。
- Postponed（延期）：有些时候，对于一些特殊缺陷的测试需要搁置一段时间，事实上有很多原因可能导致这种情况的发生，比如无效的测试数据，一些特殊的无效的功能等，在这种情况下，缺陷的状态就被设置为"Postponed"。
- Closed（已关闭）和 Reopen（重新打开）：测试人员经过再次测试后确认缺陷已经被解决，缺陷的状态将被设置为"Closed"。如经过再次测试发现缺陷仍然存在，测试人员将缺陷重新提交给开发组，缺陷的状态将被设置为"Reopen"。

缺陷状态分布分析主要描述缺陷各种状态的比例情况，这些信息有助于评估测试和产品的现状：

- 如果 New 状态的缺陷比例过高，则考虑让开发人员暂停开发新功能，先集中精力修改缺陷。
- 如果 Fixed 状态的缺陷很多，则考虑让测试人员暂停测试新功能，先集中精力做一次回归测试，把修改的缺陷验证完。
- 如果 Closed 状态的缺陷居多，则意味着软件功能模块趋于稳定。
- 如果 Reopen 状态的缺陷比较多，则需要分析开发人员的开发状态，是什么原因造成缺陷修改不彻底。
- 如果 Rejected 状态的缺陷比例过高，则要看开发人员与测试人员是否对需求存在理解上的分歧。

3.2 软件测试团队管理

软件测试团队在软件项目中处于重要的地位，肩负着保证软件质量的任务，总的说来软件测试团队有以下职责：

- 在项目的前景、需求文档确定前对文档进行测试，从用户体验和测试的角度提出自己的看法。

- 编写合理的测试计划，并与项目整体计划有机地整合在一起。
- 编写覆盖率高的测试用例。
- 针对测试需求进行相关测试技术的研究。
- 认真仔细地实施测试工作，并提交测试报告供项目组参考。

要提高软件测试的效率，保证软件产品的质量，软件测试团队的建设和管理是非常重要的一个环节，应从以下几个方面进行考虑。

1．团队的规模

可根据测试任务或者软件开发人员与软件测试人员的比例来决定软件测试团队的规模。而不同的软件项目应用，软件测试和软件开发人员的比例也是不同的，大致可以分为三类：

- 操作系统类的软件产品，对测试要求最高，因为操作系统功能多，应用复杂，其用户的水平层次千差万别，但同时要求稳定性很强，支持各类硬件，提供各种应用接口。所需测试的工作量非常大，测试人员与开发人员的比例通常为2:1。
- 应用平台、支撑系统类的软件产品，对测试要求比较高，不仅系统本身要运行在不同的操作系统平台上，还需支持其他的应用接口，测试人员与开发人员的比例通常在1:1的水平。
- 特定的应用系统类产品，由于用户需求明确、范围小，并运行在特点的应用平台或运行环境中，这种情况，软件测试人员的规模主要看用户对产品质量和性能的需求，测试人员与开发人员的合理比例在1:1到2:1之间。

2．团队成员的角色职责

各成员在测试团队中都应该有明确的角色，具体职责也要明确。软件测试团队成员的角色划分和职责可参照表3-1。

表3-1　测试团队成员的角色职责

工作角色	具体职责
测试项目负责人	管理监督测试项目，提供技术指导，获取适当的资源，技术协调和测试活动的质量管理，负责项目的安全保密
测试分析员	确定测试计划、测试内容、测试方法、测试数据生成方法、测试（软、硬件）环境、测试工具，评估测试工作的有效性
测试设计员	设计测试用例，确定测试用例的优先级，建立测试环境
测试程序员	编写测试辅助软件
测试员	执行测试、记录测试结果
测试系统管理员	对测试环境和资产进行管理和维护

在人力资源有限的情况下，通常由一人同时承担多个角色，但职责一定要明确。在测试团队管理中往往因为职责的不明确而导致软件中某些功能点遗漏测试，给软件质量带来隐患。

所以在测试任务开始前，测试项目负责人应做好详细的任务划分，形成明确的书面文档后再将任务分派给组内各成员。

3. 团队成员的类型

组建软件测试团队时，也要考虑到团队成员的技能、个性，以及经验等多样性的因素，如果整个队伍的技术和性格构成很合理，那么将会大大提高这支团队的整体实力。

4. 团队的稳定性

一个有效的软件测试团队是由不同类型的测试人员组成的，确保团队的稳定性，为未来做好准备是非常重要的。在长期的共同工作过程中，成员间培养出工作上的默契，这种默契往往是提高测试效率必不可少的条件。团队成员的缺失，不仅会打破这种长期合作的格局，也会给项目团队带来工作上的损失。好的测试人员所具备的专业技能和对项目的理解，需要很长时间的磨练和培养，不会在一朝一夕间迅速成长。

5. 工作记录机制

制定好软件测试工作中各项标准是保证测试质量的重要环节，没有标准的工作将很难产生出高效、正确的工作成果。所以在执行某项工作之前，花些功夫制定各项标准是很必要的。为团队制定短期和长期目标。短期目标可以用于当前所要完成的任务，长期目标适用于测试团队的长远发展。

6. 管理制度

完善的管理制度不仅会起到约束作用，还会有助于软件测试人员的自我管理。例如：汇报制度、工作总结、计划制度，奖惩制度、审核制度和会议制度等。好的制度会激励测试人员的工作热情以及持续工作下去的决心。

3.3　软件测试文档管理

在软件测试过程中需要编制一系列的文档，从项目启动前的测试计划文档到项目结束时的测试总结报告，其中还有测试方案、测试用例文档和测试规程文档等。这些文档在测试过程中起着重要的作用，能很好的反映测试的计划、设计、执行和完成情况，体现项目负责人的管理水平、测试设计员的用例设计水平以及测试员的执行力，可以作为员工考核的重要依据。因此，进行有效的测试文档的管理和规范是非常有必要的。

软件测试文档按照功能和目的大致可以分为如下几类。

1. 测试计划文档

测试计划文档是计划测试阶段的测试文档。测试计划文档应包含如下内容：

（1）目标：表示该测试计划应达到的目标。

（2）概述：概述部分包括项目背景和范围。

（3）组织形式：表示测试计划执行过程中的组织结构及结构间的关系，以及所需要的组织独立程度。同时，指出测试过程与其他过程如开发、项目管理、质量保证配置管理之间的关系。测试计划还应该定义测试工作中的沟通渠道，解决测试任务发现问题的权利，以及批准测试输出工作产品的权利。

（4）角色与职责：定义角色以及职责，即在每一个角色与测试任务之间建立关联。

（5）测试对象：列出所有将被作为测试目标的测试项（包括功能需求、非功能需求，后者包括性能可移植性等）。

（6）测试通过/失败的标准：测试标准是客观的陈述，它指明了判断/确认测试在何时结束，以及所测试的应用程序的质量。测试标准可以是一系列的陈述或对另一文档（如过程指南或测试标准）的引用。测试标准应该指明确切的测试目标、度量的尺度如何建立以及使用了哪些标准对度量进行评价。

（7）测试挂起的标准及恢复的必要条件：指明挂起全部或部分测试项的标准，并指明恢复测试的标准及其必须重复的测试活动。

（8）测试任务安排：明确测试的任务，对每项任务安排都应该包括以下内容：

● 任务描述：用简洁的句子对任务加以说明。
● 方法和标准：指明执行该任务时，应采用的方法以及所遵循的标准。
● 输入/输出：给出该任务所必须的输入和输出。
● 时间安排：给出任务的起始及持续的时间。
● 资源：给出任务所需要的人力和物力资源，其中人力资源的安排应参考"组织形式"和"角色其职责"，并应明确到人。
● 假设和风险：指明启动该任务应满足的假设，以及任务执行可能存在的风险。

（9）应交付的测试工作产品：指明应交付的文档、测试代码及测试工具。

2．测试方案文档

测试方案文档是涉及测试阶段的测试文档，包括以下内容：

（1）概述：简要描述被测对象的需求要素、测试设计准则以及测试对象的历史。

（2）被测对象：确定被测对象。包括其版本/修订级别，软件的承载媒介及其对测试的影响。

（3）应测试的特性：确定应测试的所有特性和特性组合。

（4）不被测试的特性：确定被测对象具有的哪些特性不被测试，并说明其原因。

（5）测试模型：先从测试组网图、结构/对象关系图两个描述层次分析被测对象的外部需求环境和内部结构关系，进行概要描述，确定本测试方案的测试需求和测试着眼点。

（6）测试需求：测试本阶段测试的各种需求因素，包括环境需求、被测对象要求、测试工具需求、测试数据准备等。

（7）测试设计：描述测试各个阶段需求运用的测试要素，包括测试用例、测试工具、测试代码的设计思路和设计准则。

3．测试用例文档

测试用例文档是实现测试阶段的测试文档，应包括以下内容：

（1）测试用例清单（见表 3-2）。

表 3-2　测试用例清单

项目编号	测试项目	子项目编号	测试子项目	测试用例编号	测试结论	结论
总数						

（2）测试用例列表（见表 3-3）。

表 3-3　测试用例列表

测试项目	用例编号	用例级别	输入值	预期输出值	实测结果	备注

- 测试项目：指明并简单描述本测试用例是用来测试哪些项目、子项目或软件特性的。
- 用例编号：对该测试用例分配唯一的标号标识。
- 用例级别：指明该用例的重要程度。用例的重要性并不对应用例可能造成的后果，而是对应用例的基本程度，一个可能导致死机的用例不一定就是高级别的，因为触发条件可能很少。

测试用例的级别分为 4 级：

级别 1：基本。用例涉及系统基本功能。用于版本提交时作为“版本通过准则”。如存在不通过的项目时可考虑重新提交版本。1 级用例的数量应受到控制。

级别 2：重要。用例涉及单个版本特性，例如某新业务的使用情况，可定义为 2 级用例。2 级用例所对应问题通常可作为重要或一般问题提交问题报告单，根据情况决定是否进行更高级别的反馈。

级别 3：详细。该用例仅影响某单项功能的某一细节方面。例如某新业务当中的登记和使用正常，但和另一个新业务发生了不应有的冲突。有关性能、极限等方面的测试归入 3 级用例。有关用户界面的基本规范等方面的测试也可归入 3 级用例。

级别 4：生僻。该用例对应较生僻的预置条件和数据设置。虽然某些测试用例发生较严重的错误，但是那些用例的触发条件很特殊，所以应归于 4 级用例中，有关用户界面的优化等方面可列入 4 级用例。

- 输入值：列出执行本测试用例所需的具体的每一个输入值。
- 预期输出值：描述被测项目或被测特性所希望或要求达到的输出或指标。
- 实测结果：指明该测试用例是否通过。若不通过，需列出实际测试时的测试输出值。

- 备注：如必要，则填写"特殊环境要求（硬件、软件、环境）"、"特殊测试步骤要求"、"相关测试用例"等信息。

4. 测试规程文档

测试规程文档是指明执行测试时测试活动序列的文档，包括如下内容：

（1）测试规程清单（见表 3-4）。

表 3-4　测试规程清单

项目编号	测试项目	子项目编号	测试子项目	测试结论	结论
项目总数					

（2）测试规程列表（见表 3-5）。

表 3-5　测试规程列表

项目编号：

测试项目：

测试子项目：

测试目的：

相关测试用例：

特殊需求：

测试步骤：

测试结果：

- 项目编号：对该测试规程分配唯一的编号标识。
- 测试项目：指明并简单描述本测试规程是用来测试哪些项目、子项目或特性的。
- 测试目的：描述本测试规程的测试目的。
- 相关测试用例：列出本测试规程执行的所有测试用例。
- 特殊需求：指出执行本测试规程必需的特殊需求。包括入口状态需求、特殊技术技能要求和特殊环境要求。
- 测试步骤：所有执行的步骤。
  - 日志准备：指定为了记录测试执行的结果或观察到的事件，而专门使用的日志记录模板或表格。
  - 准备：描述为达到可以开始执行本测试规程的预置状态必要的操作步骤。
  - 开始：描述开始执行本测试规程时必要的操作步骤。

> ➤ 进程：描述在执行本测试规程期间的必要操作步骤。
> ➤ 测量：描述得到测试测量结果的方法和操作步骤。
> ➤ 挂起：描述当前未曾预料的事件发生时，挂起本次测试的必要操作步骤。
> ➤ 重新开始：描述执行本次测试过程中，需要重新开始本测试规程的点，重新开始的步骤。
> ➤ 停止：描述结束本次测试规程时，停止测试的必要操作步骤。
> ➤ 恢复：描述恢复测试环境到测试前状态所必需的操作步骤。
> ➤ 异常事件处理：描述在测试执行期间，为了处理可能突发的异常事件而采取的必要操作步骤。

● 测试结果：指明实际测试时本测试规程是否通过，在测试执行时填写。

5. 测试报告文档

测试报告文档是执行测试阶段测试文档，指明执行测试结果的文档。测试报告文档包括如下内容：

（1）概述：指明本报告是哪个测试活动的总结，指明该测试活动所依据的测试计划、测试方案及测试用例为本文档的参考文档，必须指明被测对象及其版本/修订级别。

（2）测试时间、地点和人员。

（3）环境描述。

（4）总结和评价：对本次测试活动的经验教训、主要的测试活动和事件、资源消耗数据进行总结，并提出改进意见。

（5）问题报告：此表根据实际情况可选，包括问题总数、致命问题、严重问题、一般问题和提示问题的数目和百分比，见表 3-6 和表 3-7。

表 3-6　问题统计

	问题总数	致命问题	严重问题	一般问题	提示问题	其他统计项
数目						
百分比						

表 3-7　测试问题

问题号	
问题简述	
问题描述	
问题级别	
问题分析与对策	
避免措施	
备注	

6. 其他测试文档

（1）任务报告：每一项验证与确认任务完成后，都要有一个任务完成情况的报告。

（2）测试日志：测试工作日程记录。

（3）阶段报告：每一测试阶段完成后，都要有一个阶段完成的阶段报告，其中包括经验教训的总结。

本章小结

有效的软件测试过程的实施和管理是软件质量的重要保证，软件过程包括测试需求分析、测试计划、测试设计、测试执行和测试总结等步骤。测试需求分析的关键在于确定测试的范围；测试计划的关键在于进度的安排和任务分配；测试设计的关键在于测试方法和策略的灵活应用；测试执行的关键在于执行的效率和缺陷识别；测试总结的关键在于测试过程的评估和缺陷分析。

要提高软件测试的效率，保证软件产品的质量，软件测试团队的建设和管理是非常重要的环节，应从团队规模、团队成员的角色职责、团队成员的类型、团队的稳定性、工作记录机制和管理制度等方面进行考虑。

在软件测试过程中，需要编制一系列的文档。测试文档能很好的反映测试过程的进展和完成情况，体现项目负责人的管理水平、测试设计员的用例设计水平以及测试员的执行力，可以作为员工考核的重要依据。因此进行有效的测试文档的管理是非常有必要的。

练习1．软件测试过程分为哪几个主要的步骤？

练习2．软件测试计划主要包括哪些内容？

练习3．缺陷状态有哪些？如何进行缺陷状态分布分析？

练习4．软件测试团队的建设和管理应从哪些方面进行考虑？

练习5．软件测试文档主要有哪几种？

4

黑盒测试

教学要求

1. 理解：黑盒测试概念。
2. 掌握：等价类划分、边界值分析和因果图等方法、黑盒测试工具 QTP 的使用。

4.1 黑盒测试方法

黑盒测试也称为功能测试，它是通过测试来检测每个功能是否都能正常使用。在测试中，把程序看作一个不能打开的黑盒子，在完全不考虑程序内部结构和内部特性的情况下，在程序接口进行测试。它只检查程序功能是否按照需求规格说明书的规定正常使用，程序是否能适当地接收输入数据而产生正确的输出信息，并保持外部信息的完整性，如图 4-1 所示。也就是说黑盒测试着眼于程序外部结构，不考虑内部逻辑结构，主要针对软件界面和软件功能进行测试。

黑盒测试是以用户的角度，从输入数据与输出数据的对应关系出发进行测试的。很明显，如果外部特性本身有问题或规格说明的规定有误，用黑盒测试方法是发现不了的。

黑盒测试法注重于测试软件的功能需求，主要试图发现下列几类错误：

（1）是否有不正确或遗漏的功能。

（2）在接口上，能否正确地接受输入数据，能否产生正确的输出信息。

（3）访问外部信息是否有错。

（4）性能上是否满足要求。

图 4-1　黑盒测试方法示意图

（5）界面是否错误，是否不美观。

（6）初始化或终止错误。

从理论上讲，黑盒测试只有采用穷举输入测试，把所有可能的输入都作为测试情况考虑，才能查出程序中所有的错误。实际上测试情况有无穷多个，人们不仅要测试所有合法的输入，而且还要对那些不合法但可能的输入进行测试。这样看来，完全测试是不可能的，所以我们要进行有针对性的测试，通过制定测试用例指导测试的实施，保证软件测试有组织、按步骤，以及有计划地进行。黑盒测试行为必须能够加以量化，才能真正保证软件质量，而测试用例就是将测试行为具体量化的方法之一。

黑盒测试有两种基本方法，即通过测试和失败测试。

在进行通过测试时，实际上是确认软件能做什么，而不会去考验其能力如何。软件测试员只运用最简单，最直观的测试用例。

在设计和执行测试用例时，总是先要进行通过测试。在进行破坏性试验之前，看一看软件基本功能是否能够实现。这一点很重要，否则在正常使用软件时就会奇怪地发现，为什么会有那么多的软件缺陷出现？

在确信了软件正确运行之后，就可以采取各种手段通过搞"垮"软件来找出缺陷。纯粹为了破坏软件而设计和执行的测试用例，被称为失败测试或迫使出错测试。

黑盒测试的优点有：

（1）比较简单，不需要了解程序内部的代码及实现。

（2）与软件的内部实现无关。

（3）从用户角度出发，能很容易的知道用户会用到哪些功能，会遇到哪些问题。

（4）基于软件开发文档，所以也能知道软件实现了文档中的哪些功能。

（5）在做软件自动化测试时较为方便。

黑盒测试的缺点有：

（1）不可能覆盖所有的代码，覆盖率较低，大概只能达到总代码量的30%。

（2）自动化测试的复用性较低。

初涉软件测试者可能认为拿到软件后就可以立即进行测试，并希望马上找出软件的所有缺陷，这种想法就如同没有受过工程训练的开发工程师急于去编写代码一样。软件测试也是一个工程，也需要按照工程的角度去认识软件测试，在具体的测试实施之前，我们需要明白测试什么，怎么测试等，也就是说通过制定测试用例指导测试的实施。所谓的测试用例设计就是将软件测试的行为活动，做一个科学化的组织归纳。软件测试是有组织性、步骤性和计划性的，而设计软件测试用例的目的，就是为了能将软件测试的行为转换为可管理的模式。软件测试是软件质量管理中最实际的行动，同时也是耗时最多的一项。基于时间因素的考虑，软件测试行为必须能够加以量化，才能进一步让管理阶层掌握所需要的测试过程，而测试用例就是将测试行为具体量化的方法之一。

简单地说，测试用例就是设计一个情况。程序在这种情况下，必须能够正常运行并且达到程序所设计的执行结果。如果程序在这种情况下不能正常运行，而且这种问题会重复发生，那就表示软件测试人员已经测出软件有缺陷，这时候就必须将这个问题标示出来，并且输入到问题跟踪系统内，通知软件开发人员。软件开发人员接获通知后，将这个问题修改完成于下一个测试版本内，软件测试工程师取得新的测试版本后，必须利用同一个用例来测试这个问题，确保该问题已修改完成。

因为我们不可能进行穷举测试，为了节省时间和资源、提高测试效率，必须要从数量级大的可用测试数据中精心挑选出具有代表性或特殊性的测试数据来进行测试。

使用测试用例的好处主要体现在以下几个方面：

- 在开始实施测试之前设计好测试用例，可以避免盲目测试并提高测试效率。
- 测试用例的使用令软件测试的实施重点突出、目的明确。
- 在软件版本更新后只需修正少部分的测试用例便可展开测试工作，降低工作强度，缩短项目周期。
- 功能模块的通用化和复用化使软件易于开发,而测试用例的通用化和复用化则会使软件测试易于开展，并随着测试用例的不断精化其效率也不断攀升。

具体的黑盒测试用例设计方法包括等价类划分法、边界值分析法、错误推测法、因果图法、判定表驱动法、正交试验设计法、功能图法等。应该说，这些方法是比较实用的，但采用什么方法，在使用时自然要针对开发项目的特点对方法加以适当的选择。下面介绍几种常用的方法。

4.1.1 等价类划分法

为了保证软件质量，有时需要做尽量多的测试，但不可能用所有可能的输入数据来测试程序，即穷尽测试是不可能的。这时就可以选择一些有代表性的数据来测试程序，但怎样选择呢？等价类划分是解决这一问题的一个方法。

等价类划分是一种典型的黑盒测试方法，用这一方法设计测试用例完全不考虑程序的内部结构，只根据对程序的要求和说明。此时必须仔细分析和推敲说明书的各项需求，特别是功能需求。把说明中对输入的要求和输出的要求区别开来并加以分解。

由于穷举测试工作量太大，以至于无法实际完成，只能在大量的可能数据中选取其中的一部分作为测试用例。例如，在不了解等价分配技术的前提下，做计算器程序的加法测试时，测试了 1+1，1+2，1+3 和 1+4 之后，还有必要测试 1+5 和 1+6 吗？

等价类划分的办法是把程序的输入域划分成若干部分，然后从每个部分中选取少数代表性数据作为测试用例。每一类的代表性数据在测试中的作用等价于这一类中的其他值，也就是说，如果某一类中的一个例子发现了错误，这一等价类中的其他例子也能发现同样的错误；反之，如果某一类中的一个例子没有发现错误，则这一类中的其他例子也不会查出错误。使用这一方法设计测试用例，首先必须在分析需求规格说明的基础上划分等价类，列出等价类表。

1. 划分等价类和列出等价类表

等价类是指某个输入域的子集合。在该子集合中，各个输入数据对于揭露程序中的错误都是等效的。并合理地假定：测试某等价类的代表值就等于对这一类其他值的测试。因此，可以把全部输入数据合理地划分为若干等价类，在每一个等价类中取一个数据作为测试的输入条件，就可以用少量代表性的测试数据取得较好的测试结果。等价类划分有两种不同的情况：有效等价类和无效等价类。

有效等价类：指对于程序的规格说明来说是合理的、有意义的输入数据构成的集合。利用有效等价类可检验程序是否实现了规格说明中所规定的功能和性能。

无效等价类：与有效等价类的定义恰巧相反。

设计测试用例时，要同时考虑这两种等价类。因为软件不仅要能接收合理的数据，也要能经受意外的考验。这样的测试才能确保软件具有更高的可靠性。

下面给出 6 条确定等价类的原则：

（1）在输入条件规定了取值范围或值的个数的情况下，可以确立一个有效等价类和两个无效等价类。如：输入值是学生成绩，范围是 0~100，如图 4-2 所示。

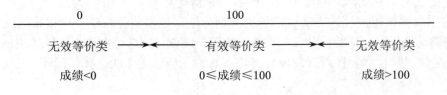

图 4-2　学生成绩的等价类

（2）在输入条件规定了输入值的集合或者规定了"必须如何"的条件的情况下，可以确立一个有效等价类和一个无效等价类。

（3）在输入条件是一个布尔量的情况下，可确定一个有效等价类和一个无效等价类。

（4）在规定了输入数据的一组值（假定 n 个），并且程序要对每一个输入值分别处理的情况下，可确立 n 个有效等价类和一个无效等价类。

例如：输入条件说明学历可为专科、本科、硕士、博士四种之一，则分别取这四个值作为四个有效等价类，另外把四种学历之外的任何学历作为无效等价类。

（5）在规定了输入数据必须遵守的规则的情况下，可确立一个有效等价类（符合规则）和若干个无效等价类（从不同角度违反规则）。

（6）在确知已划分的等价类中，各元素在程序处理中的方式不同的情况下，则应再将该等价类进一步地划分为更小的等价类。

例如：每个学生可选修 1～3 门课程，可以划分一个有效等价类：选修 1～3 门课程；两个无效等价类：未选修课，选修课超过 3 门。

又如：标识符的第一个字符必须是字母，可以划分为一个有效等价类：第一个字符是字母；一个无效等价类：第一个字符不是字母。

在确立了等价类之后，建立等价类表，列出所有划分出的等价类见表 4-1。

表 4-1　等价类表示例

输入条件	有效等价类	无效等价类	输入条件	有效等价类	无效等价类
…	…	…	…	…	…

2. 确定测试用例

根据已列出的等价类表，按以下步骤确定测试用例：

（1）为每个等价类规定一个唯一的编号。

（2）设计一个新的测试用例，使其尽可能多地覆盖尚未覆盖的有效等价类。重复这一步，最后使得所有有效等价类均被测试用例所覆盖。

设计一个新的测试用例，使其只覆盖一个无效等价类。重复这一步使所有无效等价类均被覆盖。

在寻找等价区间时，想办法把软件的相似输入、输出、操作分成组。这些组就是等价区间。

在两数相加用例中，测试 1+13 和 1+99999999 似乎有点不同。一个是普通加法，而另一个似乎有些特殊。程序对 1 和最大数值相加的处理和对两个小一些的数值相加的处理有所不同。后者必须处理溢出情况。因为软件操作可能不同，所以这两个用例属于不同的等价区间。

再看一下在标准的“另存为”对话框中输入文件名称的情形，如图 4-3 所示。

Windows 文件名可以包含除了“、”、“/”、“:”、“·”、“?”、“<>”和“\”之外的任意字符。文件名长度是 1～255 个字符。如果为文件名创建测试用例，等价区间有合法字符、非法字符、合法长度的名称、过长名称和过短名称。

【例 4-1】某程序规定：“输入三个整数 a、b、c 分别作为三边的边长构成三角形。通过程序判定所构成的三角形的类型，当此三角形为一般三角形、等腰三角形及等边三角形时，分别作计算……”。用等价类划分方法为该程序进行测试用例设计（三角形问题的复杂之处在于输入与输出之间的关系比较复杂）。

分析题目中给出和隐含的对输入条件的要求：①整数；②三个数；③非零数；④正数；⑤两边之和大于第三边；⑥等腰；⑦等边。

图 4-3 "另存为"对话框

如果 a、b、c 满足条件①～④，则输出下列四种情况之一：

● 如果不满足条件⑤，则程序输出为"非三角形"。

● 如果三条边相等即满足条件⑦，则程序输出为"等边三角形"。

● 如果只有两条边相等，即满足条件⑥，则程序输出为"等腰三角形"。

● 如果三条边都不相等，则程序输出为"一般三角形"。

列出等价类表，见表 4-2。

表 4-2 等价类表

输入条件	有效等价类		无效等价类	
是否为构成三角形的 3 条边	（A > 0），	（1）	（A≤0），	（7）
	（B > 0），	（2）	（B≤0），	（8）
	（C > 0），	（3）	（C≤0），	（9）
	（A + B > C），	（4）	（A + B≤C），	（10）
	（B + C > A），	（5）	（B + C≤A），	（11）
	（A + C > B），	（6）	（A + C≤B），	（12）
是否为等腰三角形	（A = B），	（13）	（A≠B）and（B≠C）and（C≠A），	（16）
	（B = C），	（14）		
	（C = A），	（15）		
是否为等边三角形	（A = B）and（B = C）and（C = A），	（17）	（A≠B），	（18）
			（B≠C），	（19）
			（C≠A），	（20）

设计测试用例：输入顺序是 A，B，C，见表 4-3。

表 4-3　测试用例

序号	【A，B，C】	覆盖等价类	输出
1	【3，4，5】	(1)，(2)，(3)，(4)，(5)，(6)	一般三角形
2	【0，1，2】	(7)	不能构成三角形
3	【1，0，2】	(8)	
4	【1，2，0】	(9)	
5	【1，2，3】	(10)	
6	【1，3，2】	(11)	
7	【3，1，2】	(12)	
8	【3，3，4】	(1)，(2)，(3)，(4)，(5)，(6)，(13)	等腰三角形
9	【3，4，4】	(1)～(2)，(3)，(4)，(5)，(6)，(14)	
10	【3，4，3】	(1)～(2)，(3)，(4)，(5)，(6)，(15)	
11	【3，4，5】	(1)，(2)，(3)，(4)，(5)，(6)，(16)	非等腰三角形
12	【3，3，3】	(1)，(2)，(3)，(4)，(5)，(6)，(17)	等边三角形
13	【3，4，4】	(1)，(2)，(3)，(4)，(5)，(6)，(14)，(18)	非等边三角形
14	【3，4，3】	(1)，(2)，(3)，(4)，(5)，(6)，(15)，(19)	
15	【3，3，4】	(1)，(2)，(3)，(4)，(5)，(6)，(13)，(20)	

请记住，等价分配的目标是把可能的测试用例组合缩减到仍然足以满足软件测试需求为止。因为，选择了不完全测试，就要冒一定的风险，所以必须仔细选择分类。

【例 4-2】某一 8 位微机，其八进制常数定义为：以零开头的数是八进制整数，其值的范围是-0177～0177，如 05、0127、-065。

划分等价类，见表 4-4：

表 4-4　等价类划分

输入数据	有效等价类	无效等价类
八进制整数	以 0 开头的 1～3 位八进制数串 以-0 开头的 1～3 位八进制数串	以非 0 开头的八进制数字串 以非-0 开头的八进制数字串 以 0 或者-0 开头含有非八进制数字字符的串 以 0 开头且多于 3 位的数 以 0 开头且少于 1 位的数 以-0 开头且多于 3 位的数 以-0 开头且少于 1 位的数
八进制数范围	在-0177～0177 之间	小于-0177 大于 0177

为有效等价类设计测试用例，表 4-5 有两个合理等价类，设计两个例子。

表 4-5　有效等价类测试用例

测试数据	期望结果	覆盖范围
023	显示有效输入	（1）、（10）
-0156	显示有效输入	（2）、（10）

为每一个无效等价类至少设计一个测试用例见表 4-6。

表 4-6　无效等价类测试用例

测试数据	期望结果	覆盖范围
102	显示无效输入	（3）
-123	显示无效输入	（4）
-0X33	显示无效输入	（5）
06221	显示无效输入	（6）
0	显示无效输入	（7）
-07656	显示无效输入	（8）
-0	显示无效输入	（9）
-0200	显示无效输入	（11）
233	显示无效输入	（12）

4
Chapter

　　分析：等价类划分属于黑盒测试的一种，它将输入数据域按有效的或无效的划分成若干个等价类，测试每个等价类的代表值就等于对该类其他值的测试，这样用少量有代表性的例子代替大量测试目的相同的例子，可以有效提高测试效率。本题划分了 3 个有效等价类，9 个无效等价类进行测试，取到了预期的效果。

　　【例 4-3】城市的电话号码由两部分组成。这两部分的名称和内容分别是：

　　地区码：以 0 开头的三位或者四位数字（包括 0）；

　　电话号码：以非 0、非 1 开头的七位或者八位数字。

　　假定被调试的程序能接受一切符合上述规定的电话号码，拒绝所有不符合规定的号码，就可用等价分类法来设计它的调试用例。

　　这个例子和例 4-1 很相似。

　　（1）划分等价类见表 4-7。

表 4-7　等价类划分

输入数据	有效等价类	无效等价类
地区码	以 0 开头的 3 位数串 以 0 开头的 4 位数串	以 0 开头的含有非数字字符的串 以 0 开头的小于 3 位的数串 以 0 开头的大于 4 位的数串 以非 0 开头的数串
电话号码	以非 0、非 1 开头的 7 位数串 以非 0、非 1 开头的 8 位数串	以 0 开头的数串 以 1 开头的数串 以非 0、非 1 开头的含有非法字符 7 或者 8 位数串 以非 0、非 1 开头的小于 7 位数串 以非 0、非 1 开头的大于 8 位数串

（2）为有效等价类设计测试用例见表 4-8。

表 4-8　有效等价类设计测试用例

测试数据	期望结果	覆盖范围
010　23145678	显示有效输入	（1）、（8）
023　2234567	显示有效输入	（1）、（7）
0851　3456789	显示有效输入	（2）、（7）
0851　23145678	显示有效输入	（2）、（8）

（3）为每一个无效等价类至少设计一个测试用例，见表 4-9。

表 4-9　无效等价类测试用例

测试数据	期望结果	覆盖范围
0a34　23456789	显示无效输入	（3）
05　23456789	显示无效输入	（4）
01234　23456789	显示无效输入	（5）
2341　23456789	显示无效输入	（6）
028　01234567	显示无效输入	（9）
028　12345678	显示无效输入	（10）
028　qw123456	显示无效输入	（11）
028　623456	显示无效输入	（12）
028　886234569	显示无效输入	（13）

【例 4-4】保险公司计算保费费率的程序。

某保险公司的人寿保险的保费计算方式为：投保额×保险费率。

其中，保险费率依点数不同而有别，10 点及 10 点以上的保险费率为 0.6%，10 点以下的保险费率为 0.1%；而点数又由投保人的年龄、性别、婚姻状况和抚养人数来决定，具体规则见表 4-10。

表 4-10　规则

年龄			性别		婚姻		抚养人数
20～39	40～59	其他	M	F	已婚	未婚	1 人扣 0.5 点 最多扣 3 点 （四舍五入取整）
6 点	4 点	2 点	5 点	3 点	3 点	5 点	

（1）分析程序规格说明中给出和隐含的对输入条件的要求，列出等价类表 4-11（包括有效等价类和无效等价类）。

表 4-11　等价类划分

输入条件	有效等价类	编号	无效等价类	编号
年龄	20～39 岁	1		
	40～59 岁	2		
	1～19 岁 60～99 岁	3	小于 1	12
			大于 99	13
性别	单个英文字符	4	非英文字符	14
			非单个英文字符	15
	'M'	5	除'M'和'F'之外的其他单个字符	16
	'F'	6		
婚姻	已婚	7	除"已婚"和"未婚"之外的其他字符	17
	未婚	8		
抚养人数	空白	9	除空白和数字之外的其他字符	18
	1～6 人	10	小于 1	19
	6～9 人	11	大于 9	20

年龄：一位或两位非零整数，值的有效范围为 1～99。

性别：一位英文字符，只能取值'M'或'F'。

婚姻：字符，只能取值"已婚"或"未婚"。

抚养人数：空白或一位非零整数（1～9）。

点数：一位或两位非零整数，值的范围为 1～99。

（2）根据等价类表，设计能覆盖所有等价类的测试用例，见表 4-12。

表 4-12　测试用例

测试用例编号	输入数据				预期输出
	年龄	性别	婚姻	抚养人数	保险费率
1	27	F	未婚	空白	0.6%
2	50	M	已婚	2	0.6%
3	70	F	已婚	7	0.1%
4	0	M	未婚	空白	无法推算
5	100	F	已婚	3	无法推算
6	99	男	已婚	4	无法推算
7	1	Child	未婚	空白	无法推算
8	45	N	已婚	5	无法推算
9	38	F	离婚	1	无法推算
10	62	M	已婚	没有	无法推算
11	18	F	未婚	0	无法推算
12	40	M	未婚	10	无法推算

测试同一个复杂程序的两个软件测试员，可能会制定出两组不同的等价区间。只要审查等价区间的人都认为它们足以覆盖测试对象就可以了。等价类划分是最常用的方法，通常和边界值分析法一起使用。

4.1.2　边界值分析法

人们长期的测试工作经验表明，大量的错误是发生在输入或输出范围的边界上，而不是在输入范围的内部。因此针对各种边界情况设计测试用例，可以查出更多的错误。例如上面所讲到的三角形问题中，在做三角形计算时，要输入三角形的 3 个边长 A、B 和 C。这 3 个数值应当满足 A > 0、B > 0、C > 0、A + B > C、A + C > B、B + C > A，才能构成三角形。但如果把 6 个不等式中的任何一个大于号"＞"错写成大于等于号"≥"，那就不能构成三角形。问题恰恰出现在容易被疏忽的边界附近。这里所说的边界是指相当于输入等价类和输出等价类而言，稍高于其边界值及稍低于其边界值的一些特定情况。

首先来了解一下边界点的定义，边界点分为上点、内点和离点，如图 4-4 所示。

上点，就是边界上的点，不管它是开区间还是闭区间，就是说，如果该点是封闭的，那上点就在域范围内，如果该点是开放的，那上点就在域范围外。

内点，就是在域范围内的任意一个点。

离点，就是离上点最近的一个点，如果边界是封闭的，那离点就是域范围外离上点最近的点，如果边界是开放的，那离点就是域范围内离上点最近的点。

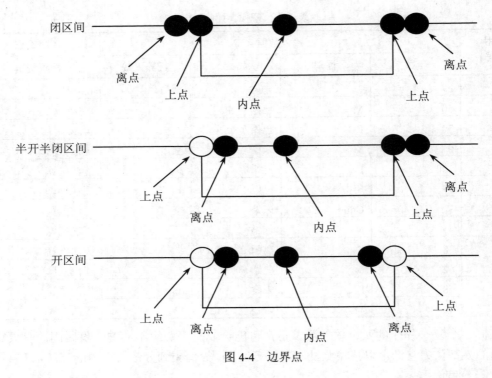

图4-4　边界点

边界值分析方法的原则：

● 如果输入（输出）条件规定了取值范围，则应该以该范围的边界值及边界附近的值作为测试数据。

● 如果输入（输出）条件规定了值的个数，则用最大个数，最小个数，比最小个数少一，比最大个数多一的数作为测试数据。

● 如果程序规格说明书中提到的输入或输出是一个有序的集合，应该注意选取有序集合的第一个和最后一个元素作为测试数据。

● 如果程序中使用了一个内部数据结构，则应当选择这个内部数据结构的边界上的值作为测试数据。

边界值分析与等价类划分的区别在于：

（1）边界值分析不是从某等价类中随便挑一个作为代表，而是使这个等价类的每个边界都要作为测试条件。

（2）边界值分析不仅考虑输入条件，还要考虑输出空间产生的测试情况。

1．边界条件

边界条件就是特殊情况，因为编程从根本上说不怀疑边界有问题。奇怪的是，程序在处理大量中间数值时都是对的，但是可能在边界处出现错误。下面的一段源代码说明了在一个极简单的程序中是如何产生边界条件问题的。

```
int[] data=new data[11];
for (int i=1;i<=10;i++)
{
    data[i]=-1
}
```

这段代码的意图是创建包含 10 个元素的数组，并为数组中的每一个元素赋初值-1。看起来相当简单。它建立了包含 10 个整数的数组 data 和一个计数值 i。for 循环是从 1～10，数组中从第 1 个元素到第 10 个元素被赋予数值-1。那么边界问题在哪儿呢？

在大多数开发语言脚本中，应当以声明的范围定义数组。

第一个创建的元素是 data[0]，而不是 data[1]。该程序实际上创建了一个从 data[0]～data[10] 共 11 个元素的数组。程序从 1～10 循环将数组元素的值初始化为-1，但是由于数组的第一个元素是 data[0]，因此它没有被初始化。程序执行完毕，数组值如下：

```
data[0] =0
data[1] =-1
data[2] =-1
data[3] =-1
data[4] =-1
data[5] =-1
data[6] =-1
data[7] =-1
data[8] =-1
data[9] =-1
data[10] =-1
```

注意 data[0]的值是 0，而不是-1。如果这位程序员以后忘记了，或者其他程序员不知道这个数据数组是如何初始化的，那么他就可能会用到数组的第 1 个元素 data[0]，以为它的值是-1。诸如此类的问题很常见，在复杂的大型软件中，可能导致极其严重的软件缺陷。

2. 次边界条件

上面讨论的普通边界条件是最容易找到的。它们在产品说明书中有定义，或者在使用软件的过程中确定。而有些边界在软件内部，最终用户几乎看不到，但是软件测试仍有必要检查。这样的边界条件称为次边界条件或者内部边界条件。

寻找这样的边界不要求软件测试员具有程序员那样阅读源代码的能力，但是要求大体了解软件的工作方式。2 的乘方和 ASCII 表就是这样的例子。

（1）2 的乘方。

计算机和软件的计数基础是二进制数，用位（bit）来表示 0 和 1，一个字节（byte）由 8 位组成，一个字（word）由两个字节组成等。表 4-13 中列出了常用的 2 的乘方单位及其范围或值。

表 4-13　软件中 2 的乘方

术语	范围或值	术语	范围或值
位	0 或 1	千	1,024
双位	0～15	兆	1,048,576
字节	0～255	亿	1,073,741,824
字	0～65,535	万亿	1,099,511,627,776

表 4-13 中所列的范围和值是作为边界条件的重要数据。除非软件向用户提出这些范围，否则在需求文档中不会指明。然而，它们通常由软件内部使用，外部是看不见的，当然，在产生软件缺陷的情况下可能会看到。

在建立等价区间时，要考虑是否需要包含 2 的乘方边界条件。例如，如果软件接受用户输入 1～1000 范围内的数字，谁都知道在合法区间中包含 1 和 1000，也许还要有 2 和 999。为了覆盖任何可能的 2 的乘方次边界，还要包含临近双位边界的 14、15 和 16，以及临近字节边界的 254、255 和 256。

（2）ASCII 表。

另一个常见的次边界条件是 ASCII 字符表。如表 4-14 所示是部分 ASCII 值表的清单。

表 4-14　部分 ASCII 值表

字符	ASCII 值	字符	ASCII 值	字符	ASCII 值	字符	ASCII 值
Null	0	B	66	2	50	a	97
Space	32	Y	89	9	57	b	98
/	47	Z	90	:	58	y	121
0	48	[	91	@	64	z	122
1	49	'	96	A	65	{	123

注意，表 4-14 不是结构良好的连续表。0～9 的 ASCII 值是 48～57。斜杠字符（/）在数字 0 的前面，而冒号字符":"在数字 9 的后面。大写字母 A～Z 对应 65～90。小写字母 a～z 对应 97～122。这些情况都代表次边界条件。

如果测试进行文本输入或文本转换的软件，在定义数据区间包含哪些值时，参考一下 ASCII 表是相当明智的。

3. 其他一些边界条件

另一种看起来很明显的软件缺陷来源是当软件要求输入时（比如在文本框中），不是没有输入正确的信息，而是根本没有输入任何内容，只按了 Enter 键。这种情况在产品说明书中常常被忽视，程序员也可能经常遗忘，但是在实际使用中却时有发生。程序员总会习惯性地认为用户要么输入信息，不管是看起来合法的或非法的信息，要么就会选择 Cancel 键放弃输入，如果没有对空值进行好的处理的话，恐怕程序员自己都不知道程序会引向何方。

正确的软件通常应该将输入内容默认为合法边界内的最小值，或者合法区间内的某个合理值，否则，返回错误提示信息。

因为这些值通常在软件中进行特殊处理，所以不要把它们与合法情况和非法情况混在一起，而要建立单独的等价区间。

4. 边界值的选择方法

边界值分析是一种补充等价类划分的测试用例设计技术，它不是选择等价类的任意元素，而是选择等价类边界的测试用例。实践证明，用检验边界附近的专门设计测试用例进行处理，常常取得良好的测试效果。边界值分析法不仅重视输入条件边界，而且也适用于输出域测试用例。

对边界值设计测试用例，应遵循以下几条原则：

（1）如果输入条件规定了值的范围，则应取刚达到这个范围的边界的值，以及刚刚超越这个范围边界的值作为测试输入数据。

（2）如果输入条件规定了值的个数，则用最大个数、最小个数、比最小个数少 1、比最大个数多 1 的数作为测试数据。

（3）根据规格说明书的每个输出条件，应用前面的原则（1）。

（4）根据规格说明书的每个输出条件，应用前面的原则（2）。

（5）如果程序的规格说明书给出的输入域或输出域是有序集合，则应选取集合的第一个元素和最后一个元素作为测试用例。

（6）如果程序中使用了一个内部数据结构，则应当选择这个内部数据结构边界上的值作为测试用例。

（7）分析规格说明书，找出其他可能的边界条件。

常见的边界值有以下几种：

（1）对 16 位的整数而言 32767 和-32768 是边界。

（2）屏幕上光标在最左上、最右下位置。

（3）报表的第一行和最后一行。

（4）数组元素的第一个和最后一个。

（5）循环的第 0 次、第 1 次和倒数第 2 次、最后一次。

边界值分析使用与等价类划分法相同的划分，只是边界值分析假定错误更多地存在于划分的边界上，因此在等价类的边界上以及两侧的情况设计测试用例。

【例 4-5】测试计算平方根的函数。

输入：实数

输出：实数

规格说明：当输入一个 0 或比 0 大的数时，返回其正平方根；当输入一个小于 0 的数时，显示错误信息"平方根非法-输入值小于 0"并返回 0；库函数 Print-Line 可以用来输出错误信息。

（1）等价类划分。

I. 可以考虑作出如下划分：

a. 输入(i) < 0 和(ii) >= 0。

b. 输出(a) >= 0 和(b) Error。

II. 测试用例有两个：

a. 输入 4，输出 2。对应于(ii)和(a)。

b. 输入-10，输出 0 和错误提示。对应于(i)和(b)。

（2）边界值分析。

划分(ii)的边界为 0 和最大正实数；划分(i)的边界为最小负实数和 0。

a. 输入{最小负实数}

b. 输入{绝对值很小的负数}

c. 输入 0

d. 输入{绝对值很小的正数}

e. 输入{最大正实数}

通常情况下，软件测试所包含的边界检验有几种类型：数字、字符、位置、重量、大小、速度、方位、尺寸、空间等。

相应地，以上类型的边界值应该在：最大/最小、首位/末位、上/下、最快/最慢、最高/最低、最短/最长、空/满等情况下。表 4-15 利用边界值作为测试数据。

表 4-15　边界值测试

项	边界值	测试用例的设计思路
字符	起始-1 个字符/结束+1 个字符	假设一个文本输入区域允许输入 1 个到 255 个字符，输入 1 个和 255 个字符作为有效等价类；输入 0 个和 256 个字符作为无效等价类，这几个数值都属于边界条件值
数值	最小值-1/最大值+1	假设某软件的数据输入域要求输入 5 位的数据值，可以使用 10000 作为最小值，99999 作为最大值；然后使用刚好小于 5 位和大于 5 位的数值来作为边界条件
空间	小于空余空间一点/大于满空间一点	例如在用 U 盘存储数据时，使用比剩余磁盘空间大一点（几 KB）的文件作为边界条件

在多数情况下，边界值条件基于应用程序的功能设计因素，可以从软件的规格说明或常识中得到，最终用户也是可以很容易发现问题的。然而，在测试用例设计过程中，某些边界值条件是不需要呈现给用户的，但同时确实属于检验范畴内的边界条件，称为内部边界值条件或子边界值条件。内部边界值条件主要有下面几种：

● 数值的边界值检验：计算机是基于二进制进行工作的，因此，软件的任何数值运算都有一定的范围限制，见表 4-16。

4 Chapter

表 4-16　数值范围

项	范围或值
位（bit）	0 或 1
字节（byte）	0～255
字（word）	0～65535（单字）或 0～4294967295（双字）
千（K）	1024
兆（M）	1048576
吉（G）	1073741824

● 字符的边界值检验：在计算机软件中，字符也是很重要的表示元素，见表 4-17。

表 4-17　ASCII 码

字符	ASCII 码值	字符	ASCII 码值
空（null）	0	A	65
空格（space）	32	a	97
斜杠（/）	47	Z	90
0	48	z	122
冒号（:）	58	单引号（'）	96
@	64		

【例 4-6】现有一个学生标准化考试批阅试卷，产生成绩报告的程序。其规格说明如下：程序的输入文件由一些有 80 个字符的记录组成，所有记录分为 3 组，如图 4-5 所示。

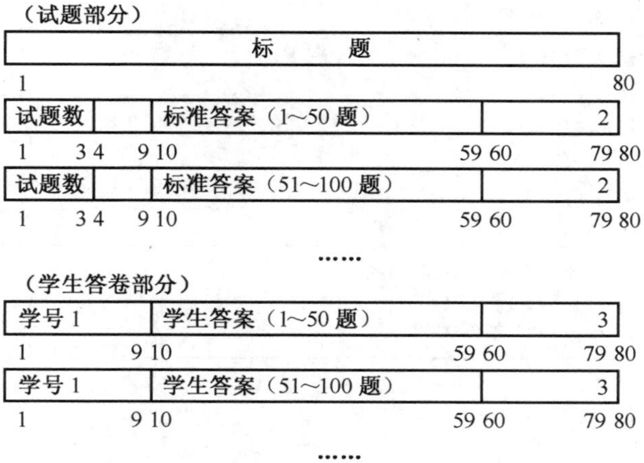

图 4-5　试题记录

（1）标题：这一组只有一个记录，其内容为输出成绩报告的名称。

（2）试卷各题标准答案记录：每个记录均在第 80 个字符处标以数字"2"。该组的第一个记录的第 1~3 个字符为题目编号（取值为 1~999）。第 10~59 个字符给出第 1~50 题的答案（每个合法字符表示一个答案）。该组的第 2 个，第 3 个记录……相应为第 51~100 题，第 101~150 题……的答案。

（3）每个学生的答卷描述：该组中每个记录的第 80 个字符均为数字"3"。每个学生的答卷在若干个记录中给出。如甲的首记录第 1~9 个字符给出学生姓名及学号，第 10~59 个字符列出的是甲所做的第 1~50 题的答案。若试题数超过 50，则第 2 个，第 3 个记录……分别给出他的第 51~100 题，第 101~150 题……的解答。然后是学生乙的答卷记录。

（4）学生人数不超过 200，试题数不超过 999。

（5）程序的输出有 4 个报告：

● 　按学号排列的成绩单，列出每个学生的成绩、名次。

● 　按学生成绩排序的成绩单。

● 　平均分数及标准偏差的报告。

● 　试题分析报告。按试题号排序，列出各题学生答对的百分比。

分析：分别考虑输入条件和输出条件，以及边界条件。给出如表 4-18 所示的输入条件及相应的测试用例。

表 4-18　输入条件测试用例

输入条件	测试用例
输入文件	空输入
标题	没有标题 标题只有一个字符 标题有 80 个字符
试题数	试题数为 1 试题数为 50 试题数为 51 试题数为 100 试题数为 0 试题数含有非数字字符
标准答案记录	没有标准答案记录，有标题 标准答案记录多于一个 标准答案记录少于一个
学生人数	0 个学生 1 个学生 200 个学生 201 个学生

续表

输入条件	测试用例
学生答题	某学生只有一个回答记录，但有两个标准答案记录 该学生是文件中的第一个学生 该学生是文件中的最后一个学生（记录出错的学生）
学生答案	学生有两个回答记录，但只有一个标准答案记录 该学生是文件中的第一个学生（记录出错的学生） 该学生是文件中的最后一个学生
学生成绩	所有学生的成绩都相等 每个学生的成绩都不相等 部分学生的成绩相同 检查是否能按成绩正确排名次 有个学生 0 分 有个学生 100 分

输出条件及相应的测试用例如表 4-19 所示。

表 4-19　输出条件测试用例

输出条件	测试用例
输出报告 a、b	有个学生的学号最小（检查按学号排序是否正确） 有个学生的学号最大（检查按序号排序是否正确） 适当的学生人数，使产生的报告刚好满一页（检查打印页数） 学生人数比刚才多出 1 人（检查打印换页）
输出报告 c	平均成绩 100 平均成绩 0 标准偏差为最大值（有一半的 0 分，其他 100 分） 标准偏差为 0（所有成绩相等）
输出报告 d	所有学生都答对了第一题 所有学生都答错了第一题 所有学生都答对了最后一题 所有学生都答错了最后一题 选择适当的试题数，使第四个报告刚好打满一页 试题数比刚才多 1，使报告打满一页后，刚好剩下一题未打

【例 4-7】4.1.1 节介绍了三角形问题，现在继续讨论三角形问题的边界值分析测试用例。在三角形问题描述中，除了要求边长是整数外，没有给出其他的限制条件。在此，我们将三角形每边边长的取范围值设值为[1,100]。其测试用例如表 4-20 所示。

Chapter 4

表 4-20　三角形问题的边界值测试用例

测试用例	a	b	c	预期输出
Test1	60	60	1	等腰三角形
Test2	60	60	2	等腰三角形
Test3	60	60	60	等边三角形
Test4	50	50	99	等腰三角形
Test5	50	50	100	非三角形
Test6	60	1	60	等腰三角形
Test7	60	2	60	等腰三角形
Test8	50	99	50	等腰三角形
Test9	50	100	50	非三角形
Test10	1	60	60	等腰三角形
Test11	2	60	60	等腰三角形
Test12	99	50	50	等腰三角形
Test13	100	50	50	非三角形

【例 4-8】NextDate 函数的边界值分析测试用例。

在 NextDate 函数中，隐含规定了变量 month 和变量 day 的取值范围为 $1 \leqslant month \leqslant 12$ 和 $1 \leqslant day \leqslant 31$，并设定变量 year 的取值范围为 $1912 \leqslant year \leqslant 2050$，其测试用例如表 4-21 所示。

表 4-21　NextDate 函数的边界值测试用例

测试用例	month	day	year	预期输出
Test1	6	15	1911	1911.6.16
Test2	6	15	1912	1912.6.16
Test3	6	15	1913	1913.6.16
Test4	6	15	1975	1975.6.16
Test5	6	15	2049	2049.6.16
Test6	6	15	2050	2050.6.16
Test7	6	15	2051	2051.6.16
Test8	6	-1	2001	day 超出[1…31]
Test9	6	1	2001	2001.6.2
Test10	6	2	2001	2001.6.3
Test11	6	30	2001	2001.7.1
Test12	6	31	2001	输入日期超界
Test13	6	32	2001	day 超出[1…31]
Test14	-1	15	2001	Month 超出[1…12]
Test15	1	15	2001	2001.1.16
Test16	2	15	2001	2001.2.16
Test17	11	15	2001	2001.11.16
Test18	12	15	2001	2001.12.16
Test19	13	15	2001	Month 超出[1…12]

4.1.3 因果图法

前面介绍的等价类划分方法和边界值分析法都是着重考虑输入条件，并没有考虑到输入情况的各种组合，也没考虑到各个输入情况之间的相互制约关系。如果在测试时必须考虑输入条件的各种组合，可能的组合数将是天文数字。因此必须考虑描述多种条件的组合，相应地产生多个动作的形式来考虑设计测试用例，这就需要利用因果图。

在软件工程中，有些程序的功能可以用判定表的形式来表示，并根据输入条件的组合情况规定相应的操作。因果图方法最终生成的就是判定表，它适合于检查程序输入条件的各种组合情况。

1. 因果图设计方法

因果图法是从用自然语言书写的程序规格说明的描述中找出因（输入条件）和果（输出或程序状态的改变），通过因果图转换为判定表。

因果图中使用的是简单的逻辑符号，以直线连接左右结点。左结点表示输入状态（或称做原因），右结点表示输出状态（或称作结果）。在因果图中用 4 种符号分别表示规格说明中的 4 种因果关系，图 4-6 表示了常用的 4 种符号所代表的因果关系。通常在因果图中，用 c 表示原因，e 表示结果。各结点表示状态，可取 "0" 或 "1" 值。"0" 表示某状态不出现，"1" 表示某状态出现。

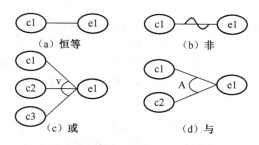

图 4-6 因果图的基本图形符号

（1）恒等：若原因出现，则结果出现；若原因不出现，则结果也不出现。

（2）非（∼）：若原因出现，则结果不出现；若原因不出现，则结果出现。

（3）或（∨）：若几个原因中有 1 个出现，则结果出现；若几个原因都不出现，则结果不出现。

（4）与（∧）：若几个原因都出现，结果才出现。若有 1 个原因不出现，则结果不出现。

输入状态相互之间还可能存在某些依赖关系，称为约束。例如，某些输入条件本身不可能同时出现。输出状态之间也往往存在约束。在因果图中，用特定的符号标明这些约束，如图 4-7 所示。

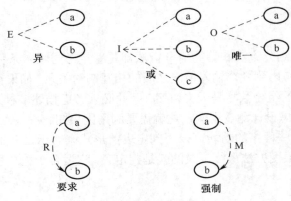

图 4-7　因果图的约束符号

输入条件的约束有以下 4 类：

（1）E 约束（异）：a 和 b 中至多有一个可能为 1，即 a 和 b 不能同时为 1。

（2）I 约束（或）：a、b 和 c 中至少有一个必须是 1，即 a、b 和 c 不能同时为 0。

（3）O 约束（唯一）：a 和 b 必须有一个，且仅有 1 个为 1。

（4）R 约束（要求）：a 是 1 时，b 必须是 1，即不可能 a 是 1 时 b 是 0。

输出条件约束类型：输出条件的约束只有 M 约束（强制）：若结果 a 是 1，则结果 b 强制为 0。

因果图设计步骤如下：

（1）分析程序规格说明的描述中，哪些是原因，哪些是结果。并给每个原因和结果赋予一个标识符。原因常常是输入条件或是输入条件的等价类，而结果是输出条件。

（2）分析软件规格说明描述中的语义，找出原因与结果之间，原因与原因之间对应的关系，根据这些关系画出因果图。

（3）由于语法或环境限制，有些原因与原因之间，原因与结果之间的组合情况不可能出现，为表明这些特殊情况，在因果图上用一些记号表明约束或限制条件。

（4）把因果图转换成判定表。

（5）把判定表的每一列拿出来作为依据，设计测试用例。

因果图生成的测试用例包括了所有输入数据的取 TRUE 与 FALSE 的情况，构成的测试用例数目达到最少，且测试用例数目随输入数据数目的增加而增加。

事实上，在较为复杂的问题中，这个方法常常是十分有效的，它能有力地帮助确定测试用例。当然，如果哪个开发项目在设计阶段就采用了判定表，也就不必再画因果图了，而是可以直接利用判定表设计测试用例了。

2. 判定表

判定表（Decision Table）是分析和表达多逻辑条件下执行不同操作的情况下的工具。在程序设计发展的初期，判定表就已被当作编写程序的辅助工具。由于它能够将复杂的问题按照各种可能的情况全部列举出来，简明并避免遗漏。因此，利用判定表能够设计出完整的测试用例集合。在一些数据处理问题中，某些操作的实施依赖于多个逻辑条件的组合，即：针对不同逻辑条件的组合值，分别执行不同的操作。判定表很适合于处理这类问题。

（1）判定表组成。

判定表通常由 4 个部分组成，如图 4-8 所示。

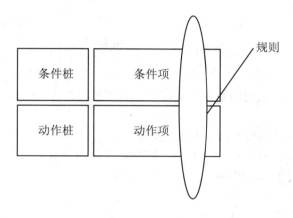

图 4-8　判定表

- 条件桩（condition stub）：列出了问题的所有条件。通常认为列出的条件的次序无关紧要。
- 动作桩（action stub）：列出了问题规定可能采取的操作。这些操作的排列顺序没有约束。
- 条件项（condition entry）：列出针对它所列条件的取值，在所有可能情况下的真假值。
- 动作项（action entry）：列出在条件项的各种取值情况下应该采取的动作。

（2）规则及规则合并。

规则：任何一个条件组合的特定取值及其相应要执行的操作。在判定表中贯穿条件项和动作项的一列就是一条规则。显然，判定表中列出多少组条件取值，也就有多少条规则，即条件项和动作项有多少列。

化简：就是规则合并，有两条或多条规则具有相同的动作，并且其条件项之间存在着极为相似的关系。

（3）判定表建立。

如图 4-9（a）左端，两规则动作项一样，条件项类似，在 1、2 条件项分别取 Y、N 时，无论条件 3 取何值，都执行同一操作。即要执行的动作与条件 3 无关。于是可合并。"—"表示与取值无关。与（a）类似，（b）图中，无关条件项"—"可包含其他条件项取值，具有相同动作的规则可合并。

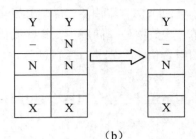

图 4-9　判定表合并规则举例

从因果图生成的测试用例（局部，组合关系下的）包括了所有输入数据的取 TRUE 与取 FALSE 的情况，构成的测试用例数目达到最少，且测试用例数目随输入数据数目的增加而线性地增加。

判定表的建立应该依据软件规格说明，步骤如下：

1）确定规则的个数。假如有 n 个条件，每个条件有两个取值（0，1），故有 2n 种规则。

2）列出所有的条件桩和动作桩。

3）填入条件项。

4）填入动作项。制定初始判定表。

5）简化。合并相似规则或者相同动作。

适合使用判定表设计测试用例的条件为：

1）规格说明以判定表的形式给出，或很容易转换成判定表。

2）条件的排列顺序不影响执行哪些操作。

3）规则的排列顺序不影响执行哪些操作。

4）当某一规则的条件已经满足，并确定要执行的操作后，不必检验别的规则。

5）如果某一规则要执行多个操作，这些操作的执行顺序无关紧要。

（4）判定表测试用例。

【例 4-9】订购单的检查。如果金额超过 500 元，又未过期，则发出批准单和提货单；如果金额超过 500 元，但过期了，则不发批准单；如果金额低于 500 元，则不论是否过期都发出批准单和提货单，在过期的情况下还需要发出通知单。

将这段需求进行判定表分析，可以得到表 4-22 所示判定表。

表 4-22　判定表

金额	>500	>500	<=500	<=500
状态	未过期	已过期	未过期	已过期
发出批准单	O		O	O
发出提货单	O		O	O
发出通知单				O

在很多情况下，一个判定表写出来以后，是很复杂的，我们需要对其进行简化。如果表中有两条或多条规则具有相同的动作，并且其条件项之间存在极为相似的关系，我们就可以将其合并。比如表中，条件：>500、未过期；<= 500、未过期。这两个条件项导致的结果是一样的，并且条件项之间很相似，就可以将它们合并成如表 4-23 所示。

表 4-23　规则合并表

金额		>500	<=500
状态	未过期	已过期	已过期
发出批准单	O		O
发出提货单	O		O
发出通知单			O

这里在引入一个概念——"规则"，以上判定表里，右部的每一列（条件项和对应的动作项）都是一条规则。每一条规则都可以转化为测试用例。测试用例如表 4-24 至表 4-26 所示。

表 4-24　测试用例 1

测试用例编号	ORDER_ST_CHECK_001
测试项目	订购单的检查
测试标题	状态为未过期
重要级别	高
预置条件	无
输入	499
操作步骤	1. 输入金额：499 2. 选择未过期 3. 单击确定
预期输出	发出批准单和提货单

表 4-25　测试用例 2

测试用例编号	ORDER_ST_CHECK_002
测试项目	订购单的检查
测试标题	金额>500，状态为已过期
重要级别	中
预置条件	无
输入	501

操作步骤	1. 输入金额：501 2. 选择已过期 3. 单击确定
预期输出	批准单、提货单和通知单都不发出

表 4-26　测试用例 3

测试用例编号	ORDER_ST_CHECK_003
测试项目	订购单的检查
测试标题	金额<=500，状态为已过期
重要级别	中
预置条件	无
输入	499
操作步骤	1. 输入金额：499 2. 选择已过期 3. 单击确定
预期输出	发出批准单、提货单和通知单

3. 因果图测试用例

【例 4-10】有一个处理单价为 1 元 5 角钱的盒装饮料的自动售货机软件。若投入 1 元 5 角硬币，按下"可乐"、"雪碧"或"红茶"按钮，相应的饮料就送出来。若投入的是两元硬币，在送出饮料的同时退还 5 角硬币。

解答：

（1）分析这一段说明，我们可以列出原因和结果。

原因：

1——投入 1 元 5 角硬币；

2——投入 2 元硬币；

3——按"可乐"按钮；

4——按"雪碧"按钮；

5——按"红茶"按钮。

中间状态：

11——已投币；

12——已按钮。

结果：

21——退还 5 角硬币；

22——送出"可乐"饮料；

23——送出"雪碧"饮料；

24——送出"红茶"饮料。

（2）根据原因和结果，可以设计如图 4-10 所示的因果图。

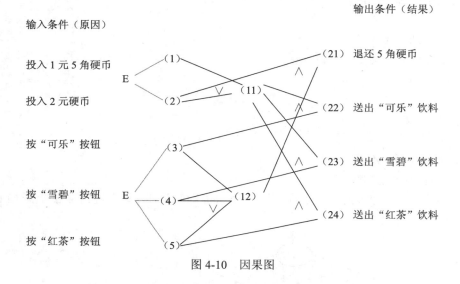

图 4-10　因果图

（3）转换为测试用例，如表 4-27 所示，每一列可作为确定测试用例的依据。

表 4-27　测试用例

			1	2	3	4	5	6	7	8	9	10	11
输入	投入 1 元 5 角硬币	（1）	1	1	1	1	0	0	0	0	0	0	0
	投入 2 元硬币	（2）	0	0	0	0	1	1	1	1	0	0	0
	按"可乐"按钮	（3）	1	0	0	0	1	0	0	0	1	0	0
	按"雪碧"按钮	（4）	0	1	0	0	0	1	0	0	0	1	0
	按"红茶"按钮	（5）	0	0	1	0	0	0	1	0	0	0	1
中间结点	已投币	（11）	1	1	1	1	1	1	1	1	0	0	0
	已按钮	（12）	1	1	1	0	1	1	1	0	1	1	1
输出	退还 5 角硬币	（21）	0	0	0	0	1	1	1	0	0	0	0
	送出"可乐"饮料	（22）	1	0	0	0	1	0	0	0	0	0	0
	送出"雪碧"饮料	（23）	0	1	0	0	0	1	0	0	0	0	0
	送出"红茶"饮料	（24）	0	0	1	0	0	0	1	0	0	0	0

【例 4-11】某软件规格说明书包含这样的要求：第一列字符必须是 A 或 B，第二列字符

必须是一个数字，在此情况下进行文件的修改，但如果第一列字符不正确，则给出信息 L；如果第二列字符不是数字，则给出信息 M。

解答：

（1）根据题意，原因和结果如下：

原因：

1——第一列字符是 A；

2——第一列字符是 B；

3——第二列字符是一数字。

结果：

21——修改文件；

22——给出信息 L；

23——给出信息 M。

（2）其对应的因果图如下：

11 为中间节点；考虑到原因 1 和原因 2 不可能同时为 1，因此在因果图上施加 E 约束，如图 4-11 所示。

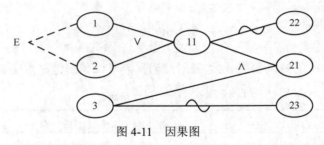

图 4-11　因果图

（3）根据因果图建立判定表，表 4-28 所示。

表 4-28　判定表

		1	2	3	4	5	6	7	8
原因（条件）	1	1	1	1	1	0	0	0	0
	2	1	1	0	0	1	1	0	0
	3	1	0	1	0	1	0	1	0
动作（结果）	11			1	1	1	1	0	0
	22			0	0	0	0	1	1
	21			1	0	1	0	0	0
	23			0	1	0	1	0	1

表中 8 种情况的左面两列情况中，原因 1 和原因 2 同时为 1，这是不可能出现的，故应排除这两种情况。

（4）把判定表的每一列拿出来作为依据，设计测试用例如表 4-29 所示。

表 4-29　测试用例

		1	2	3	4	5	6	7	8
原因（条件）	1	1	1	1	1	0	0	0	0
	2	1	1	0	0	1	1	0	0
	3	1	0	1	0	1	0	1	0
动作（结果）	11			1	1	1	1	0	0
	22			0	0	0	0	1	1
	21			1	0	1	0	0	0
	23			0	1	0	1	0	1
测试用例				A6	Aa	B9	BP	C5	HY
				A0	A@	B1	B*	H4	E%

【例 4-12】研究中国象棋中马的走法：

1）如果落点在棋盘外，则不移动棋子；

2）如果落点与起点不构成日字型，则不移动棋子；

3）如果落点处有自己方棋子，则不移动棋子；

4）如果在落点方向的邻近交叉点有棋子（绊马腿），则不移动棋子；

5）如果不属于前四条，且落点处无棋子，则移动棋子；

6）如果不属于前四条，且落点处为对方棋子（非老将），则移动棋子并除去对方棋子；

7）如果不属于前四条，且落点处为对方老将，则移动棋子，并提示战胜对方，游戏结束。

（1）对说明进行分析，得到原因和结果：

原因：

1——落点在棋盘外；

2——不构成日字；

3——落点有自方棋子；

4——绊马腿；

5——落点无棋子；

6——落点为对方棋子；

7——落点为对方老将。

结果：

21——不移动；

22——移动；

23——移动自方棋子消除对方棋子；

24——移动并战胜对方。

（2）根据分析出来的原因和结果，可以画出因果图，如图 4-12 所示。

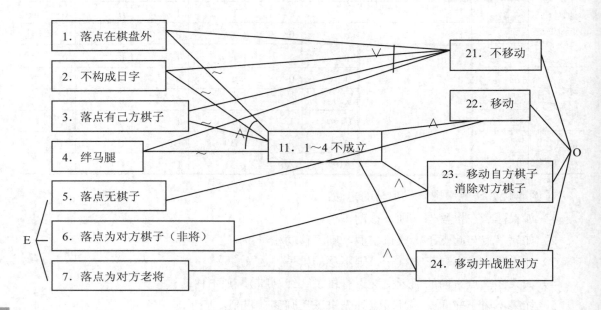

图 4-12　中国象棋因果图

11 结点称为中间结点，是为了让因果图的结构更加明了，简化因果图导出的判定表。分析得出以下两个结论。只有 1、2、3、4 都不成立时，产生 11，跟 5、6、7 结合分别得出 22、23、24 三个结果；不管 5、6、7 哪个成立，只要 1、2、3、4 有一个成立，就产生结果 21；再加上落点有自方棋子的状况。

（3）得到判定表如表 4-30 所示。

将各种不可能产生的组合情况（灰色表示）取消掉。这些都是之前没有写的一些约束条件导致的。比如落点在棋盘外，那么落点就不可能在对方棋子上了。

（4）将判定表内的规则转换成测试用例，如表 4-31 至表 4-41 所示。

表 4-30　判定表

条件	1	1	1	1	0	0	0	0	0	0	0	0	0	0	0	0	0	0
	2	0	0	0	1	1	1	0	0	0	0	0	0	0	0	0	0	0
	3	0	0	0	0	0	0	1	1	1	1	0	0	0	0	0	0	0
	4	0	0	0	0	0	0	0	0	0	0	1	1	1	0	0	0	0
	5	0	0	0	1	0	0	0	0	1	0	0	1	0	1	0	0	0
	6	0	1	0	0	0	1	0	0	0	1	0	0	1	0	0	1	0
	7	0	0	1	0	0	0	1	0	0	0	1	0	0	0	1	0	0
中间结果	11	0	0	0	0	0	0	0	0	0	0	0	0	0	1	1	1	1
结果	21	1			1	1	1		1	1	1	1	0	0	0			
	22	0			0	0	0		0	0	0	0	1	0	0			
	23	0			0	0	0		0	0	0	0	0	1	0			
	24	0			0	0	0		0	0	0	0	0	0	1			

表 4-31　测试用例 1

测试用例编号	CHINESECHESS_ST_MOVE_MA_001
测试项目	象棋马的移动
测试标题	条件 1～4 不成立，移动马，落点是对方老将
重要级别	高
预置条件	无
输入	单击马，单击棋子的落点
操作步骤	1．单击自方马 2．单击对方老将
预期输出	移动棋子并提示战胜对方

表 4-32　测试用例 2

测试用例编号	CHINESECHESS_ST_MOVE_MA_002
测试项目	象棋马的移动
测试标题	条件 1～4 不成立，移动马，落点是对方棋子（非老将）
重要级别	中
预置条件	无
输入	单击马，单击棋子的落点
操作步骤	1．单击自方马 2．单击对方棋子
预期输出	移动棋子并除去对方棋子

4　Chapter

表4-33　测试用例3

测试用例编号	CHINESECHESS_ST_MOVE_MA_003
测试项目	象棋马的移动
测试标题	条件1～4不成立，移动马，落点无棋子
重要级别	中
预置条件	无
输入	单击马，单击棋子的落点
操作步骤	1．单击自方马 2．单击无棋子的落点
预期输出	移动棋子

表4-34　测试用例4

测试用例编号	CHINESECHESS_ST_MOVE_MA_004
测试项目	象棋马的移动
测试标题	绊马腿，落点为对方老将
重要级别	中
预置条件	无
输入	单击马，单击棋子的落点
操作步骤	1．单击自方马 2．单击对方老将
预期输出	不移动棋子

表4-35　测试用例5

测试用例编号	CHINESECHESS_ST_MOVE_MA_005
测试项目	象棋马的移动
测试标题	绊马腿，落点为对方棋子（非老将）
重要级别	中
预置条件	无
输入	单击马，单击棋子的落点
操作步骤	1．单击自方马 2．单击对方棋子
预期输出	不移动棋子

表 4-36　测试用例 6

测试用例编号	CHINESECHESS_ST_MOVE_MA_006
测试项目	象棋马的移动
测试标题	绊马腿，落点无棋子
重要级别	中
预置条件	无
输入	单击马，单击棋子的落点
操作步骤	1．单击自方马 2．单击无棋子落点
预期输出	不移动棋子

表 4-37　测试用例 7

测试用例编号	CHINESECHESS_ST_MOVE_MA_007
测试项目	象棋马的移动
测试标题	落点为自方棋子
重要级别	中
预置条件	无
输入	单击马，单击棋子的落点
操作步骤	1．单击自方马 2．单击自方棋子
预期输出	不移动棋子

表 4-38　测试用例 8

测试用例编号	CHINESECHESS_ST_MOVE_MA_008
测试项目	象棋马的移动
测试标题	不构成日字，落点为对方老将
重要级别	中
预置条件	无
输入	单击马，单击棋子的落点
操作步骤	1．单击自方马 2．单击对方老将
预期输出	不移动棋子

表 4-39　测试用例 9

测试用例编号	CHINESECHESS_ST_MOVE_MA_009
测试项目	象棋马的移动
测试标题	不构成日字，落点为对方棋子（非老将）
重要级别	中
预置条件	无
输入	单击马，单击棋子的落点
操作步骤	1．单击自方马 2．单击对方棋子
预期输出	不移动棋子

表 4-40　测试用例 10

测试用例编号	CHINESECHESS_ST_MOVE_MA_010
测试项目	象棋马的移动
测试标题	不构成日字，落点无棋子
重要级别	中
预置条件	无
输入	单击马，单击棋子的落点
操作步骤	1．单击自方马 2．单击无棋子落点
预期输出	不移动棋子

表 4-41　测试用例 11

测试用例编号	CHINESECHESS_ST_MOVE_MA_011
测试项目	象棋马的移动
测试标题	落点在棋盘外
重要级别	中
预置条件	无
输入	单击马，单击棋子的落点
操作步骤	1．单击自方马 2．单击棋盘外
预期输出	不移动棋子

4.2　黑盒测试工具

黑盒测试是在明确软件产品应有的功能条件，完全不考虑被测程序的内部结构和内部特性的情况下，通过测试来检验功能是否能按照需求规格说明正常工作。

常用的黑盒测试工具包括：

（1）功能测试工具。用于检测程序能否达到预期的功能和要求并正常运行。

（2）性能测试工具。用于确定软件和系统的性能。

黑盒测试工具适用于黑盒测试的场合，黑盒测试工具的一般原理是利用脚本的录制（Record）/回放（Playback），模拟用户的操作，然后将被测系统的输出记录下来，同预先给定的标准结果比较。黑盒测试工具可以大大减轻黑盒测试的工作量，在迭代开发的过程中，能够很好地进行回归测试。

4.2.1　黑盒测试工具介绍

1. WinRunner

Mercury Interactive 公司的 WinRunner 是一款企业级的功能测试工具，用于检测应用程序是否能够达到预期的功能及正常运行。通过自动录制、检测和回放用户的应用操作，WinRunner能够有效地帮助测试人员对复杂的企业级应用的不同发布版进行测试，提高测试人员的工作效率和质量，确保跨平台的、复杂的企业级应用无故障发布及长期稳定运行。

企业级应用可能包括 Web 应用系统、ERP 系统、CRM 系统等。这些系统在发布之前及升级之后都要经过测试，确保所有功能都能正常运行，没有任何错误。如何有效地测试不断升级更新且不同环境的应用系统，是每个公司都会面临的问题。如果时间或资源有限，这个问题会更加棘手。

人工测试的工作量太大，还要额外的时间来培训新的测试人员等。为了确保那些复杂的企业级应用在不同环境下都能正常可靠地运行，你需要一个能简单操作的测试工具来自动完成应用程序的功能性测试，WinRunner 能够做到这点。

2. QuickTest Professional

QTP 是 QuickTest Professional 的简称，是一种自动测试工具。

QTP 是一个功能测试工具，主要帮助测试人员完成软件的功能测试，与其他测试工具一样，QTP 不能完全取代测试人员的手工操作，但是在某个功能点上，使用 QTP 的确能够帮助测试人员做很多工作。在测试计划阶段，首先要做的就是分析被测应用的特点，决定应该对哪些功能点进行测试，可以考虑细化到具体页面或者具体控件。对于一个普通的应用程序来说，QTP 应用在某些界面变化不大的回归测试中是非常有效的。

QuickTest Professional 只需通过单击"记录"按钮，并使用执行典型业务流程的应用程序即可创建测试脚本。系统使用简明的英文语句和屏幕抓图来自动记录业务流程中的每个步骤。

用户可以在关键字视图中轻松修改、删除或重新安排测试步骤。

可以自动引入检查点，以验证应用程序的属性和功能，例如验证输出或检查链接有效性。对于关键字视图中的每个步骤，活动屏幕均准确显示测试中应用程序处理此步骤的方式。用户也可以为任何对象添加几种类型的检查点，以便验证组件是否按预期运行（只需在活动屏幕中单击此对象即可）。

然后，可以在产品介绍（具有 Excel 所有功能的集成电子表格）中输入测试数据，以便在不需要编程的情况下处理数据集和创建多个测试迭代，从而扩大测试案例范围。可以键入数据，或从数据库、电子表格或文本文件导入数据。

高级测试人员可以在专家视图中查看和编辑自己的测试脚本，该视图显示 QuickTest Professional 自动生成的基于业界标准的内在 VB 脚本。专家视图中进行的任何变动自动与关键字视图同步。

一旦测试人员运行了脚本，TestFusion 报告显示测试运行的所有方面：高级结果概述，准确指出应用程序故障位置的可扩展树视图，使用的测试数据，突出显示任何差异的应用程序屏幕抓图，以及每个通过和未通过检查点的详细说明。通过使用 Mercury TestDirector 合并 TestFusion 报告，您可以在整个 QA 和开发团队中共享报告。

QuickTest Professional 也加快了更新流程。当测试中应用程序出现变动（例如"登录"按钮重命名为"登入"）时，您可以对共享对象库进行一次更新，然后此更新将传播到所有引用该对象的脚本。您可以将测试脚本发布到 Mercury TestDirector，使其他 QA 团队成员可以重复使用您的测试脚本，从而消除了重复工作。

QuickTest Professional 支持所有常用环境的功能测试，包括 Windows、Web、.NET、Visual Basic、ActiveX、Java、SAP、Siebel、Oracle、PeopleSoft 和终端模拟器。

QTP 自身又带有数据表支持数据驱动的测试，数据驱动使得自动化测试代码复用率显著提高，测试专家认为一段自动化测试脚本想要收回成本至少要被运行 6 次以上，数据驱动即提高了自动化测试收益。

3. Robot

Robot 是 IBM Rational 公司的功能测试工具，通过 Script 自动模拟输入输出。

4. QARun

QARun 是 Compuware 公司的软件功能测试工具，为客户/服务器、电子商务到企业资源计划提供重要的商务功能测试。通过将耗时的测试脚本开发和执行任务自动化，QARun 帮助测试人员和 QA 管理人员更有效地工作，以加速应用开发，它提供快速、有效地创建和执行测试脚本，验证测试并分析测试结果的功能。它能够通过加快运行周期来保持测试同步，提高测试投资回报和质量，该工具的功能有：创建测试和执行测试、测试验证、测试结果分析、可改进的数据函数、广泛的支持、集中式知识库、网站分析、智能化测试脚本、自动同步。

5. SilkTest

SilkTest International 是 Segue 公司推出的标准的、面向多语种企业级应用的功能和回归测试工具。让用户能跨语种、跨平台和跨 Web 浏览器，高效率地进行各种类型的应用可靠性测试。

6. e-Test

e-Test 是 Empirix 公司的软件功能测试工具，功能很强大，由于不是采用 Post URL 的方式回放脚本，所以可以支持多内码的测试数据（当然要程序支持）。基本上可以应付大部分的Web Site。

7. WAS

Microsoft 的 Web Application Stress Tool（WAS，Web 应用负载测试工具）是 Microsoft 可以免费下载的软件性能测试工具。WAS 要求 Windows NT 4.0 SP4 或者更高，或者 Windows 2000。

为了对网站进行负载测试，WAS 可以通过一台或者多台客户机模拟大量用户的活动。WAS 支持身份验证、加密和 Cookies，也能够模拟各种浏览器类型和 Modem 速度，它的功能和性能可以与数万美元的产品相媲美。WAS 只能用于 B/S 构架的软件性能测试。

8. LoadRunner

LoadRunner 是 MI 公司出品的预测系统行为和性能的负载测试工具，它通过以模拟上千万用户实施并发负载及实时性能监测的方式来确认和查找问题。LoadRunner 是一种适用于各种体系架构的自动负载测试工具，它能预测系统行为并优化系统性能。LoadRunner 的测试对象是整个企业的系统，它通过模拟实际用户的操作行为和实行实时性能监测，来帮助您更快地查找和发现问题，LoadRunner 能支持广泛的协议和技术。

9. QALoad

QALoad 是 Compuware 公司开发的并发性能压力测试工具。软件针对各种测试目标提供了 Microsoft SQL Server、Oracle、ODBC、WWW、NetLoad、Winsock 等不同的测试接口（session），应用范围相当广泛。例如在测试基于 C/S 运行模式、客户端通过 DBLib 访问服务器端 SQLServer 数据库的系统时，QALoad 通过模拟客户端大数据量并发对服务器端进行查询、更新等操作，从而达到监控系统并发性能和服务器端性能指标的目的。

10. Webload

Webload 是 RadView 公司推出的一个性能测试和分析工具，它让 Web 应用程序开发者自动执行压力测试；Webload 通过模拟真实用户的操作，生成压力负载来测试 Web 的性能用户创建的是基于 JavaScript 的测试脚本，称为议程 agenda，用它来模拟客户的行为，通过执行该脚本来衡量 Web 应用程序在真实环境下的性能。

Webload 提供巡航控制器 cruise control 的功能，利用巡航控制器，可以预定义 Web 应用程序。

应该满足的性能指标，然后测试系统是否满足这些需求指标，cruise control 能够自动把负载加到 Web 应用程序，并将在此负载下能够访问程序的客户数量生成报告，Webload 能够在测试会话执行期间对监测的系统性能生成实时的报告，这些测试结果通过一个易读的图形界面显示出来，并可以导出到 Excel 和其他文件中。

11. SilkPerformer

SilkPerformer 是业界最先进的企业级负载测试工具，和 LoadRunner 是同种类型的测试工具。它能够模拟成千上万的用户在多协议和多种计算环境下工作。SilkPerformer 在使用前就能够预测企业电子商务环境的行为——不受电子商务应用规模和复杂性影响。可视化的用户界面、负载条件下可视化的内容校验、实时的性能监视和强大的管理报告可以帮助您迅速将问题隔离，这样，通过最小化测试周期、优化性能以及确保可伸缩性，缩短了投入市场的时间，并保证了系统的可靠性。

12. OpenSTA

OpenSTA 是专用于 B/S 构架的免费性能测试工具。它的优点除了免费、源代码开放外，还能对录制的测试脚本进行，按指定的语法进行编辑。测试工程师在录制完测试脚本后，只需要了解该脚本语言的特定语法知识，就可以对测试脚本进行编辑，以便于再次执行性能测试时获得所需要的参数，之后进行特定的性能指标分析。OpenSTA 以最简单的方式让大家对性能测试的原理有较深的了解，其较为丰富的图形化测试结果大大提高了测试报告的可阅读性。

4.2.2　使用 QTP 进行黑盒测试

1. QuickTest 工作流程

（1）录制测试脚本前的准备。

在测试前需要确认你的应用程序及 QuickTest 是否符合测试需求？

确认你已经知道如何对应用程序进行测试，如要测试哪些功能、操作步骤、预期结果等。

检查 QuickTest 的设定，如 Test Settings 以及 Options 对话框，以确保 QuickTest 会正确地录制并储存信息以及 QuickTest 以何种模式储存信息。

（2）录制测试脚本。

操作应用程序或浏览网站时，QuickTest 会在 Keyword View 中以表格的方式显示录制的操作步骤。每一个操作步骤都是使用者在录制时的操作，如在网站上单击了链接，或在文本框中输入的信息。

（3）加强测试脚本。

在测试脚本中加入检查点，可以检查网页的链接、对象属性、或者字符串，以验证应用程序的功能是否正确。

将录制的固定值以参数取代，使用多组的数据测试程序。使用逻辑或者条件判断式，可以进行更复杂的测试。

（4）对测试脚本进行调试。

修改过测试脚本后，需要对测试脚本作调试，以确保测试脚本能正常并且流畅的执行。

（5）在新版应用程序或者网站上执行测试脚本。

通过执行测试脚本，QuickTest 会在新版本的网站或者应用程序上执行测试，检查应用程序的功能是否正确。

（6）分析测试结果。

分析测试结果，找出问题所在。

（7）测试报告。

2．测试脚本

当浏览网站或使用应用程序时，QuickTest 会记录你的操作步骤，并产生测试脚本。当停止录制后，会看到 QuickTest 在 Keyword View 中以表格的方式显示测试脚本的操作步骤。

（1）录制测试前的准备。

如果使用 Internet Explorer 浏览器，为了使 QuickTest 能够更加准确的运行，需要对 IE 进行设置，选择 IE 的"工具"→"Internet 选项"菜单命令，在弹出的窗口中选择"内容"选项卡，在"个人信息"部分，单击"自动完成"按钮。使"Web 地址"、"表单"、"表单上的用户名和密码"处于未选中的状态，然后单击"清除表单"和"清除密码"按钮，设置完成。

在正式开始录制一个测试之前，应该关闭所有已经打开的 IE 窗口。这是为了能够正常的进行录制，这一点要特别注意。最后，应该关闭所有与测试不相关的程序窗口。

（2）录制测试脚本。

MI 公司提供的 Mercury Tours 示范网站是一个提供机票预订服务的网站，利用 Mercury Tours 示范网站作为示例。在使用改网站之前必须先注册。

1）执行 QuickTest 并开启一个全新的测试脚本。

①进入 QuickTest Professional 主窗口，假如出现 Welcome 窗口，选择 Blank Test，如图 4-13 所示。

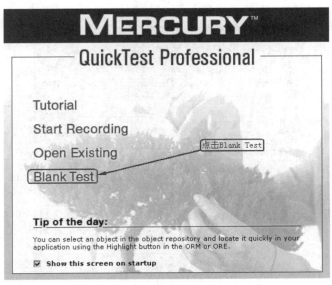

图 4-13　Welcome 窗口

②选择 File→New 选项，QuickTest Professional 会开启全新的测试脚本文件，如图 4-14 所示。

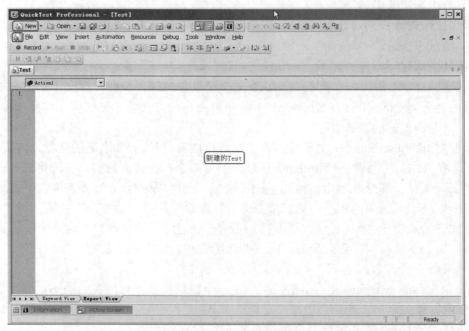

图 4-14　打开测试脚本文件

2）开始录制测试脚本。选择 Test→Record 选项，打开 Record and Run Settings 对话框，如图 4-15 所示。

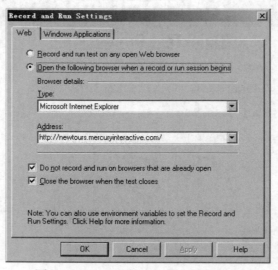

图 4-15　Record and Run Settings 对话框

①在 Web 选项卡中选择 Open the following browser when a record or run session begins 单选按钮，在 Type 下拉列表中选择 Microsoft Internet Explorer 为浏览器的类型，在 Address 中添加"http://newtours.mercuryinteractive.com/"。

②切换到 Windows Application 选项卡，如图 4-16 所示。

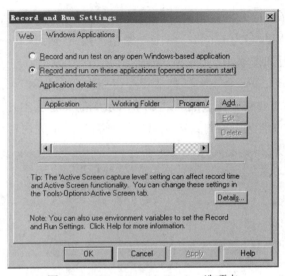

图 4-16　Windows Application 选项卡

③如果选择 Record and run test on any open Windows-based application 单选按钮，则在录制过程中，QuickTest 会记录你对所有的 Windows 程序所做的操作。

④单击"确定"按钮，开始录制，将自动打开 IE 浏览器并连接到 Mercury Tours 示范网站上。

3）登录 Mercury Tours 网站。在用户名和密码框中输入注册时使用的账号和密码，单击 Sign-in 按钮，进入 Flight Finder 网页。

4）输入订票数据。输入以下订票数据：

Departing From：New York

On：May 14

Arriving In：San Francisco

Returning：May 28

Service Class：Business class

其他字段保留默认值，单击 Continue 按钮打开 Select Flight 页面。

5）选择飞机航班。可以保存默认值，单击 Continue 按钮打开 Book a Flight 页面。

6）输入必填字段（红色字段）。输入用户名和信用卡号码（信用卡可以输入虚构的号码，如 8888-8888）。单击网页下方的 Secure Purchase 按钮，打开 Flight Confirmation 网页。

7）完成定制流程。查看订票数据，并选择 Back To Home 回到 Mercury Tours 网站首页。

8）停止录制。在 QuickTest 工具栏上单击 Stop 按钮，停止录制。

到这里已经完成了预定纽约-旧金山机票的动作，并且 QuickTest 已经录制了从按下 Record 按钮后到 Stop 按钮之间的所有操作。

9）保存脚本。选择 File→Save 或者单击工具栏上的 Save 按钮，打开 Save 对话框。选择路径，填写文件名，我们取名为 Flight。单击"保存"按钮进行保存。

（3）分析录制的测试脚本。

在录制过程中，QuickTest 会在测试脚本管理窗口中产生对每一个操作的相应记录。并在 Keyword View 中以类似 Excel 工作表的方式显示所录制的测试脚本。当录制结束后，QuickTest 也就记录下了测试过程中的所有操作。测试脚本管理窗口显示的内容如图 4-17 所示。

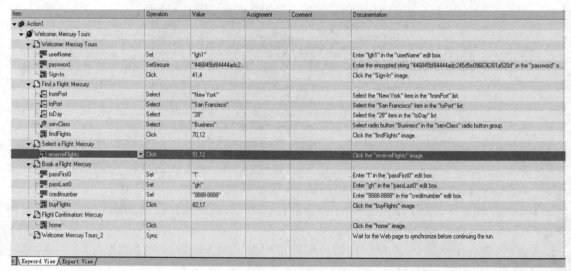

图 4-17　测试脚本管理窗口

在 Keyword View 中的字段含义如下：

- Item：以阶层式的图标表示这个操作步骤所作用的组件（测试对象、工具对象、函数呼叫或脚本）。

- Operation：要在这个作用到的组件上执行的动作，如单击、选择等。

- Value：执行动作的参数，例如当单击一张图片时是用左键还是右键。

- Assignment：使用到的变量。

- Comment：在测试脚本中加入的批注。

- Documentation：自动产生用来描述此操作步骤的英文说明。

（4）执行测试脚本。

当运行录制好的测试脚本时，QuickTest 会打开被测试程序，执行在测试中录制的每一个操作。测试运行结束后，QuickTest 显示本次运行的结果。

1）打开录制的 Flight 测试脚本。

2）设置运行选项。单击 Tool→Options 打开 Options 对话框，选择 Run 选项卡，如图 4-18 所示。

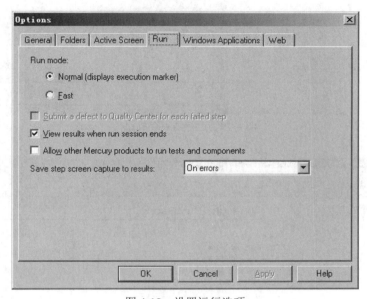

图 4-18　设置运行选项

如果要将所有画面存储在测试结果中，在 Save step screen capture to results 下拉列表中选择 Always 选项。

3）在工具栏上单击 Run 按钮，打开 Run 对话框，如图 4-19 所示。

询问要将本次的测试运行结果保存到何处。选择 New Run results folder 单选按钮，设定好存放路径。

4）开始执行测试。可以看到 QuickTest 按照在脚本中录制的操作，一步一步地运行测试，操作过程与手工操作时完全一样。同时在 QuickTest 的 Keyword View 中会出现一个黄色的箭头，指示目前正在执行的测试步骤。

（5）分析测试结果。

在测试执行完成后，QuickTest 会自动显示测试结果窗口，如图 4-20 所示。

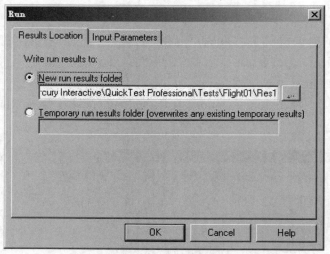

图 4-19　运行结果存放路径

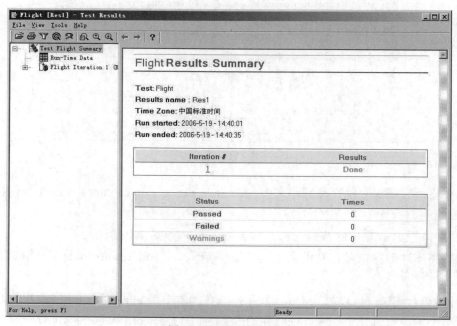

图 4-20　测试结果窗口

在这个测试结果窗口中分两个部分显示测试执行的结果：

● 左边显示测试脚本所执行的步骤。可以选择"+"检查每一个步骤，所有的执行步骤都会以图示的方式显示。可以设定 QuickTest 以不同的资料执行每个测试或某个动作，每执行一次反复称为一个迭代，每一次迭代都会被编号。

- 右边则是显示测试结果的详细信息。在第一个表格中显示哪些迭代是已经通过的，哪些是失败的。第二个表格是显示测试脚本的检查点，哪些是通过的，哪些是失败的，以及有几个警告信息。

在树视图中展开 Flight Iteration 1 (Row 1)→Action1 Summary→Welcome: Mercury Tours→Find a Flight: Mercury，选择"fromPort": Select "New York"，如图 4-21 所示。

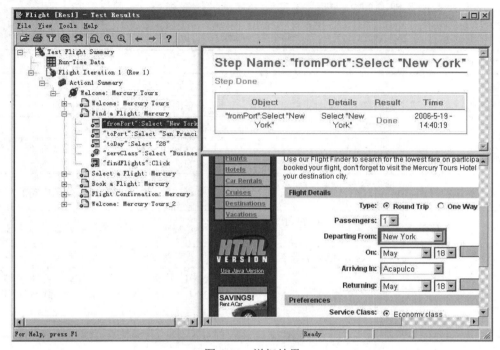

图 4-21　详细结果

在这个测试结果窗口中显示三个部分，分别是：

- 左边是 Test results tree：展开树视图后，显示了测试执行过程中的每一个操作步骤。选择某一个测试步骤，会在右边区域显示相应的信息。
- 右上方是 Test results detail：对应当前选中的测试步骤，显示被选取测试步骤执行时的详细信息。
- 右下方是 Active Screen：对应当前选中的测试步骤，显示该操作执行时应用程序的屏幕截图。

3. 建立检查点

测试脚本只实现了测试执行的自动化，没有实现测试验证的自动化，所以这并不是真正的自动化测试。而如何在测试脚本中设置检查点，以验证执行结果的正确性就真正实现了这点。

检查点是将指定属性的当前值与该属性的期望值进行比较的验证点。当添加检查点时，QuickTest 会将检查点添加到关键字视图中的当前行，并在专家视图中添加一条"检查检查点"语句。运行测试时，QuickTest 会将检查点的期望结果与当前结果进行比较。如果结果不匹配，就会失败。可以在测试结果窗口中查看结果。

（1）检查点的种类。

QuickTest 支持 8 种检查点，如表 4-42 所示。

表 4-42　检查点

检查点类型	说明	范例
标准检查点	检查对象的属性	检查某个按钮是否被选取
图片检查点	检查图片的属性	检查图片的来源文件是否正确
表格检查点	检查表格的内容	检查表格的内容是否正确
网页检查点	检查网页的属性	检查网页加载的时间或是网页是否含有不正确的链接
文字/文字区域检查点	检查网页上或是窗口上出现的文字是否正确	检查登录系统后是否出现登录成功的文字
图像检查点	提取网页和窗口的画面检查画面是否正确	检查网页或者网页的一部分是否如期显示
数据库检查点	检查数据库的内容是否正确	检查数据库查询的值是否正确
XML 检查点	检查 XML 文件的内容	XML 检测点有两种：XML 文件检测点和 XML 应用检测点。XML 文件检测点用于检查一个 XML 文件；XML 应用检测点用于检查一个 Web 页面的 XML 文档

（2）对象检查。

通过向测试或组件中添加标准检查点，可以对不同版本的应用程序或网站中的对象属性值进行比较。可以使用标准检查点来检查网站或应用程序中的对象属性值。

首先将测试脚本命名为 Checkpoint，然后在测试脚本上添加一个标准检查点，这个检查点用以检查旅客的姓氏。

1）打开 Checkpoint 测试脚本。

2）选择要建立检查点的网页。

在 Keyword View 中，展开 Action1→Welcome: Mercury Tours→Book a Flight: Mercury。由于输入使用者姓氏的测试步骤是 passFirst0 Set，所以要选取 passFirst0 Set 下面的测试步骤以便建立检查点。选取这个测试步骤后，在 Active screen 会显示 Book a Flight 网页，而且被选取的对象也会被框起来，如图 4-22 所示。

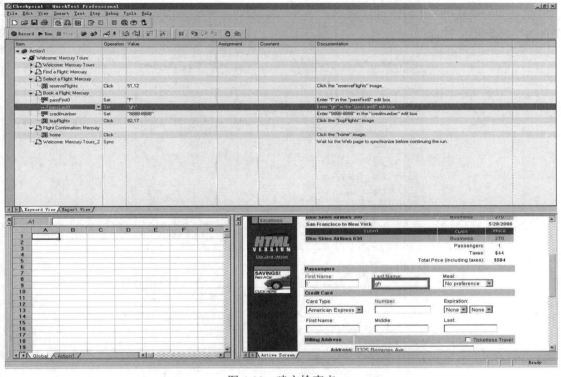

图 4-22　建立检查点

3）建立标准检查点。在 Active Screen 中的 First Name 编辑框中右击，显示插入选择点的类型。选择 Insert Standard Checkpoint，显示 Object Selection-Checkpoint Properties 对话框，如图 4-23 所示。

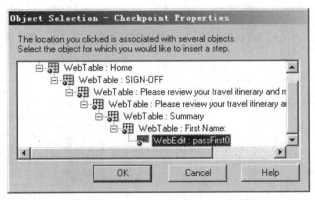

图 4-23　Checkpoint Properties 对话框

确认 WebEdit: passFirst0 被选取后，点选 OK 按钮，会打开 Checkpoint Properties 对话框，如图 4-24 所示。

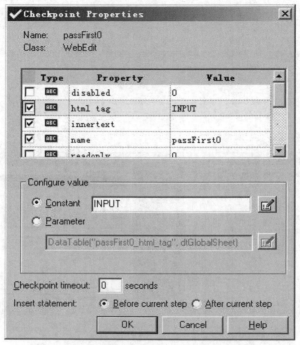

图 4-24　Checkpoint Properties 对话框

Checkpoint Properties 对话框中会显示检查点的属性：

- Name：检查点的名称。
- Class：检查点的类别，WebEdit 表示这个检查点是个输入框。
- Type 字段中的 ABC 图标：表示这个属性的值是一个常数。

对于每一个检查点，QuickTest 会使用预设的属性作为检查点的属性，如表 4-43 所示。

表 4-43　检查点的属性

属性	值	说明
html tag	INPUT	HTML 原始码中的 INPUT 标签
innertext		在这个范例中，innertext 值是空的，检查点会检查当执行时这个属性是不是空的
name	passFirst0	passFirst0 是这个编辑框的名称
type	text	text 是 HTML 原始码中 INPUT 对象的类型
value	姓氏（录制脚本是输入的姓氏）	在编辑框中输入的文字

接受预设的设定值，然后单击 OK 按钮。QuickTest 会在选取的步骤之前建立一个标准的检查点。

4）在工具栏上单击 Save 保存脚本。

（3）网页检查。

在 Checkpoint 测试脚本中再添加一个网页检查点，网页检查点会检查网页的链接以及图像的数量是否与当前录制时的数量一致。

1）选择要建立检查点的网页。

在 Keyword View 中，展开 Action1→Welcome: Mercury Tours，选取 Keyword View 中的 Book a Flight: Mercury 网页，在 Active Screen 会显示这个网页的画面。

2）建立网页检查点。

在 Active Screen 上的任意地方右击，选取 Insert Standard Checkpoint，打开 Object Selection-Checkpoint Properties 对话框，如图 4-25 所示。

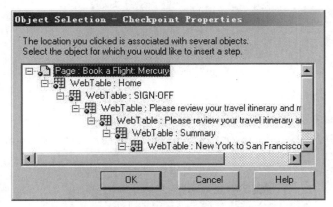

图 4-25　Object Selection-Checkpoint Properties 对话框

选择最上面的 Page:Book a Flight: Mercury，并单击 OK 按钮确认，将打开 Page Checkpoint Properties 对话框，如图 4-26 所示。

当执行测试时，QuickTest 会检查网页的链接与图片的数量，以及加载的时间。QuickTest 也检查每一个链接的 URL 以及每一个图片的原始文件是否存在。接受默认设定，单击 OK 按钮。QuickTest 会在 Book a Flight: Mercury 网页上加一个网页检查。

3）在工具栏上单击 Save 按钮保存脚本。

（4）文字检查。

建立一个文字检查点，检查在 Flight Confirmation 网页中是否出现 New York。

1）确定要建立检查点的网页。

展开 Action1→Welcome: Mercury Tours，选择 Flight Confirmation: Mercury 页面，在 Active Screen 会显示相应的页面。

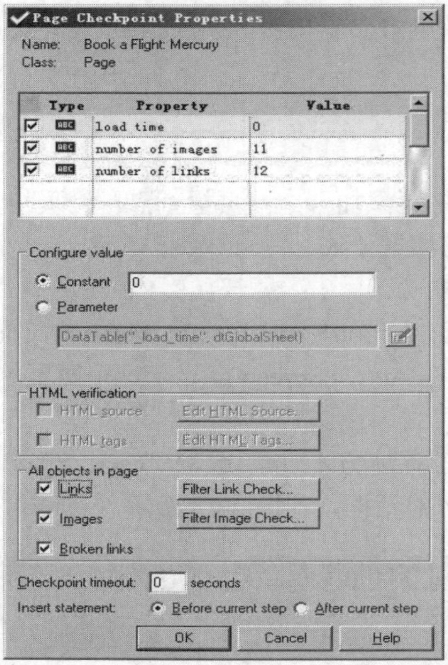

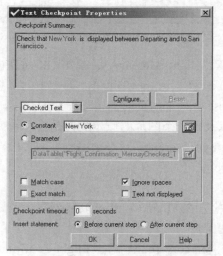

图 4-26　Page Checkpoint Properties 对话框

2）建立文字检查点。

在 Active Screen 中选择在 Departing 下方的 New York。

对选取的文字右击，并选取 Insert Text Checkpoint 打开 Text Checkpoint Properties 对话框，如图 4-27 所示。

图 4-27　Text Checkpoint Properties 对话框

当 Checked Text 出现在下拉列表中时，在 Constant 字段显示的就是选取的文字。这也就是 QuickTest 在执行测试脚本时所要检查的文字。

3）单击 OK 按钮关闭对话框。

QuickTest 会在测试脚本上加上一个文字检查点，这个文字检查点会出现在 Flight Confirmation: Mercury 网页下方。

4）在工具栏上单击 Save 按钮保存脚本。

（5）表格检查。

建立一个表格检查点，检查 Book a Flight: Mercury 网页上出国航班的价钱。

1）选取要建立检查点的网页。

展开 Action1→Welcome: Mercury Tours 选择 Book a Flight: Mercury 页面，在 Active Screen 会显示相应的页面。

2）表格检查点。

在 Active Screen 中，在第一个航班的价钱 270 上右击，选择 Insert Standard Checkpoint 打开 Object Selection-Checkpoint Properties 对话框，如图 4-28 所示。

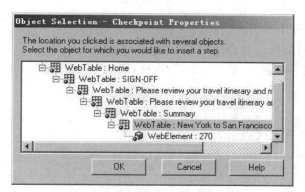

图 4-28　Object Selection-Checkpoint Properties 对话框

刚打开时默认选取 WebElement:270，这时要选择上一层的 WebTable 对象，在这个例子中选择 WebTable: New York to San Francisco。单击 OK 按钮打开 Table Checkpoint Properties 对话框，显示整个表格的内容如图 4-29 所示。

预设每一个字段都会被选择，表示所有字段都会检查，可以对某个字段双击，取消检查字段，或者选择整个栏和列，执行选取或取消的动作。

在每个字段的列标题上双击，取消勾选的图标，然后在 270 字段处双击，这样执行时 QuickTest 只会对这个字段值作检查。

3）单击 OK 按钮关闭对话框。QuickTest 会在测试脚本中的 Book a Flight: Mercury 页面下加上一个表格检查点。

4）在工具栏上单击 Save 按钮保存脚本。

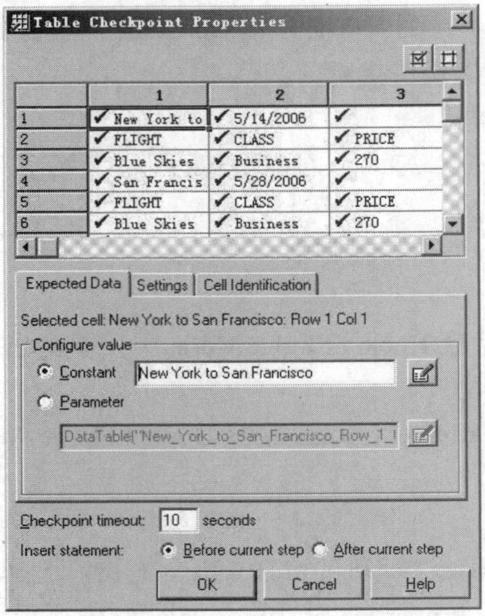

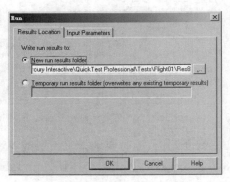

图 4-29　Table Checkpoint Properties 对话框

（6）执行并分析使用检查点的测试脚本。

在此将会执行使用检查点的测试脚本，并且分析执行的结果。

在工具栏上单击 Run 按钮，弹出 Run 对话框，如图 4-30 所示。

图 4-30　Run 对话框

当 QuickTest 执行完测试脚本后，测试执行结果窗口会自动开启。如果所有的检查点都通过了验证，运行结果为 Passed；如果有一个或多个检查点没有通过验证，运行结果显示为 Failed，如图 4-31 所示。

1）验证网页检查点。在 Test Results Tree 中展开 Checkpoint Iteration 1 (Row 1)→Action1 Summary→Welcome: Mercury Tours→Book a Flight: Mercury，并选择 Checkpoint "Book a Flight: Mercury"。在右边的 Details 窗口中，可以看到网页检查点的详细信息，如图 4-32 所示。

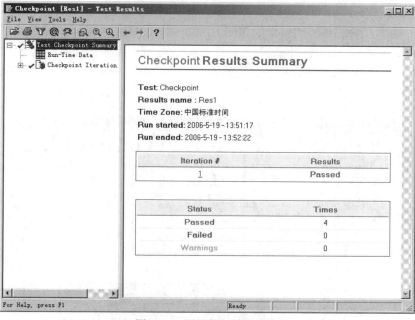

图 4-31　测试执行结果窗口

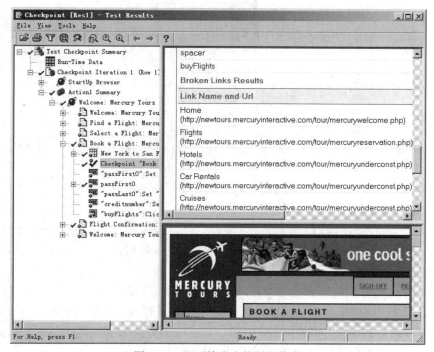

图 4-32　网页检查点的详细信息

2）验证表格检查点。

在 Test Results Tree 中展开 Book a Flight: Mercury→New York to San Francisco，并选择 Checkpoint "New York to San Francisco"。

在 Details 窗口中可以看到表格的详细结果。也可以在下方看到整个表格的内容，被检查的字段以黑色的粗体文字显示，没有检查的字段以灰色文字显示，如图 4-33 所示。

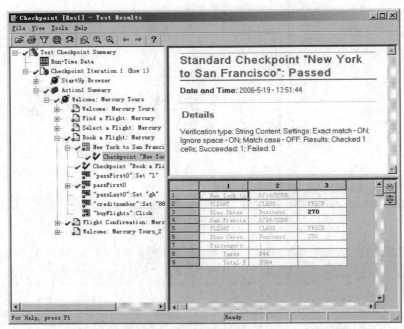

图 4-33　表格检查的详细结果

3）验证标准检查点。

在 Test Results Tree 中展开 Book a Flight: Mercury→passFirst0，并选择 Checkpoint "passFirst0"。

在 Details 窗口中可以看到标准检查点的详细结果，如图 4-34 所示。

4）验证文字检查点。

在 Test Results Tree 中展开 Checkpoint Iteration 1 (Row 1)→Action1 Summary→Welcome: Mercury Tours→Flight Confirmation: Mercury，并选择 Checkpoint "New York"，如图 4-35 所示。

4. 参数化测试脚本

在测试应用程序时，可能想检查对应用程序使用不同输入数据进行同一操作时，程序是否能正常的工作。在这种情况下，可以将这个操作重复录制多次，每次填入不同的数据，这种方法虽然能够解决问题，但 QuickTest 提供了一个更好的方法来解决这个问题——参数化测试脚本。参数化测试脚本包括数据输入的参数化和检测点的参数化。

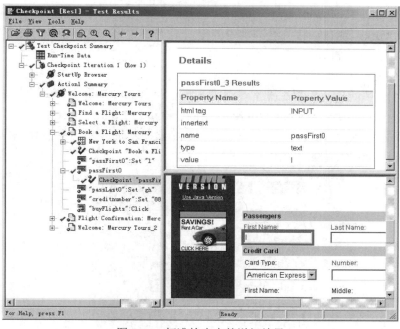

图 4-34　标准检查点的详细结果

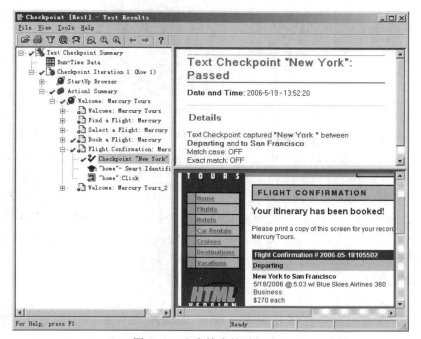

图 4-35　文字检查的详细结果

在测试脚本中，New York 是个常数值，也就是说，每次执行测试脚本预订机票时，出发地点都是 New York，现在，将测试脚本中的出发地点参数化，这样，执行测试脚本时就会以不同的出发地点去预订机票了。

（1）定义参数。

1）首先打开 Checkpoint 测试脚本，将脚本另存为 Parameter，然后选择要参数化的文字：在视图树中展开 Action1→Welcome: Mercury Tours→Find a Flight: Mercury。

2）在视图树中选择 fromPort 右边的 Value 字段，然后再单击参数化图标，打开 Value Configuration Options 对话框，如图 4-36 所示。

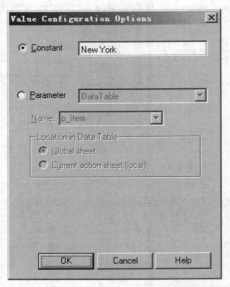

图 4-36　Value Configuration Options 对话框

3）设置要参数化的属性，选择 Parameter 单选按钮，这样就可以用参数值来取代 New York 这个常数了，在参数中选择 Data Table 选项，这样这个参数就可以从 QuickTest 的 Data Table 中取得，将参数的名称改为 departure。

4）单击 OK 按钮确认，QuickTest 会在 Data Table 中新增 departure 参数字段，并且插入了一行 New York 的值，New York 会成为测试脚本执行使用的第一个值，如图 4-37 所示。

5）在 departure 字段中加入出发点资料，使 QuickTest 可以使用这些资料执行脚本。在 departure 字段的第二行和第三行分别输入：Portland、Seattle。

6）保存测试脚本。

（2）修正受到参数化影响的步骤。

修正文字检查点。首先在树视图中，展开 Action1→Welcome: Mercury Tours→Flight Confirmation: Mercury 页面，然后右击，选择 Checkpoint Properties，打开 Text Checkpoint

Properties 对话框，如图 4-38 所示。

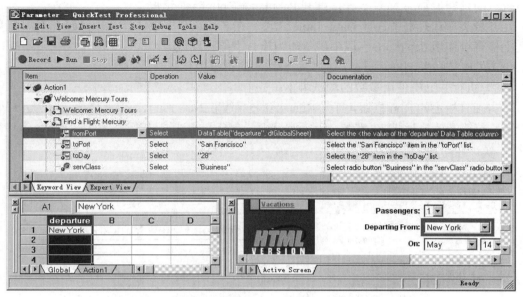

图 4-37　Data Table

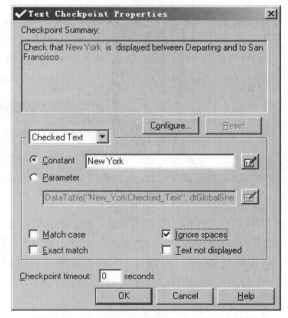

图 4-38　Text Checkpoint Properties 对话框

在 Checked Text 的 Constant 字段中显示 New York，表示测试脚本在每次执行时，这个文字检查点的预期值都为 New York。打开 Parameter Options 对话框：

在参数类型选择框中选择 Data Table 选项，在名称选择框中选择 departure 选项，指明这个文字检查点使用 departure 字段中的值作为检查点的预期值。

单击 OK 按钮关闭对话框，这样文字检查点也被参数化了。

（3）执行并分析使用参数的测试脚本。

单击工具栏上的 Run 按钮，打开 Run 对话框，选取 New run results folder，其余为默认值，单击 OK 按钮开始执行脚本。当脚本运行结束后，会打开测试结果窗口。选择 Checkpoint "New York"，显示如图 4-39 所示。

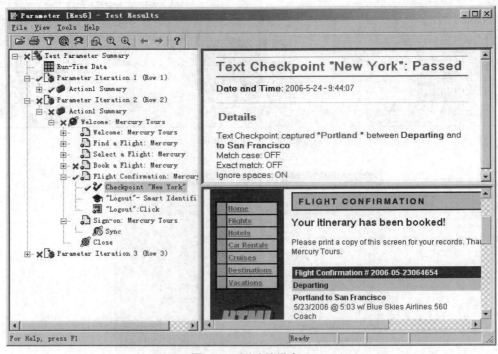

图 4-39　测试结果窗口

在图中可以看出，虽然每次执行时，文字检查点的结果是通过的，但是第二次与第三次的执行结果仍然为失败。这是因为出发地点的改变，造成在表格检查点中的机票价钱改变，导致表格检查点失败。当修正表格检查点，让 QuickTest 自动更新表格检查点的预期结果，就可以检查正确的票价了。

5. 输出值的测试

在参数化中，使用参数与 Data Table 让测试脚本可以使用不同的测试资料。同样，也可以从应用程序输出数据到 Data Table，而且此数据还可以在测试脚本的后面阶段被使用到。

QuickTest 会将取得的数据显示在 Runtime Data Table。比如可以透过输出值验证两个不同网页上的航班是一样的，首先以输出值将一个网页上的航班编号输出到 Data Table，然后用此输出值当成另一个网页上航班编号的预期结果。

（1）创建输出值。

在参数化中，因为在表格检查点中机票价钱的预期结果并未随着出发地点的改变而变动，导致第二、三次的执行结果是失败的。接下来，将会从 Select a Flight: Mercury 网页上取得机票价钱，并且以取得的机票价钱更新表格检查点的预期结果。测试脚本就可以利用在 Select a Flight: Mercury 网页上取得的机票价钱，去验证 Book a Flight: Mercury 上显示的机票价钱。

1）打开 Parameter 测试脚本，将脚本另存为 Output 测试脚本。

2）在树视图中，展开 Welcome: Mercury Tours 并且单击 Select a Flight: Mercury 网页。在 Active Screen 窗口中选取框住 270，然后右击，选择 Insert Text Output，打开 Text Output Value Properties 对话框，如图 4-40 所示。

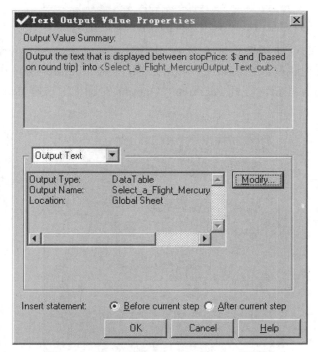

图 4-40　Text Output Value Properties 对话框

3）打开 Output Options 对话框，如图 4-41 所示。将 Select_a_Flight_MercuryOutput_Text_out 改成 depart_flight_price，接受其他默认值，单击 OK 按钮确认。

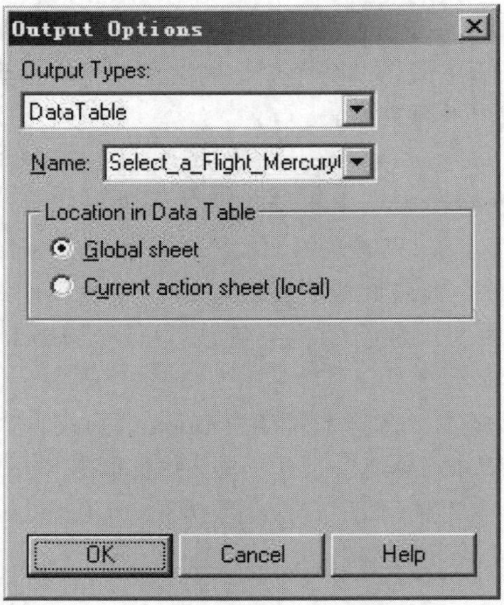

图 4-41　Output Options 对话框

4）修正表格检查点的预期值。在树视图中，选择 Checkpoint Properties，打开 Table Checkpoint Properties 对话框。选中第三行和第三列，在 Configure value 中选择 Parameter 然后单击 Parameter Options 按钮，打开 Parameter Options 对话框，选择 depart_flight_price，如图 4-42 所示。

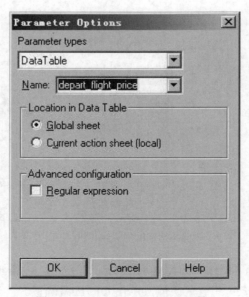

图 4-42　Parameter Options 对话框

5）单击 OK 按钮回到 Table Checkpoint Properties 对话框，可以看到这个检查点的预期结果已经被参数化了，如图 4-43 所示。单击 OK 按钮关闭 Table Checkpoint Properties 对话框，保存测试脚本。

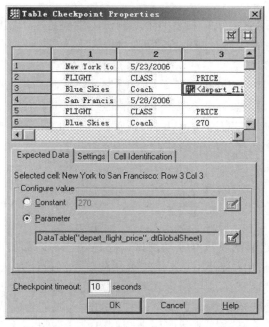

图 4-43　Table Checkpoint Properties 对话框

（2）执行并分析使用输出值的测试脚本。

1）执行 Output 测试脚本，开启 Run 对话框。选取 New run results folder，其余为默认值。单击 OK 按钮开始执行测试脚本。当执行完毕，会自动打开测试结果窗口，如图 4-44 所示。

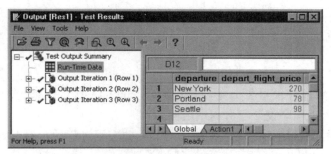

图 4-44　测试结果窗口

2）检验执行时期的数据（run-time data），在测试结果窗口中选择 Results Tree 上的 Run-Time Data，可以在表格中看到测试执行时取到的输出值，而且在 depart_flight_price 字段中显示不同的机票价钱。

3）检视检查点的结果。选取 Output Iteration 1 (Row 1)→Book a Flight: Mercury→Checkpoint: "New York to San Francisco"。

4）关闭测试结果窗口。

用 QTP 的目的是想用它来执行重复的手动测试，主要是用于回归测试和测试同一软件的新版本。在测试前要考虑好如何对应用程序进行测试，例如要测试哪些功能、操作步骤、输入数据和期望的输出数据等。

● 确保 IE 运行正常，依次单击菜单"查看"→"工具栏"命令，一定要将上网助手等插件卸载掉，特别是 3721 垃圾网站和其他拦截广告的插件。

● 订购飞机票的例子只需选择 Web 插件就可以了。如果是测试其他的应用程序或系统，就要根据需要来选择相应的插件。

黑盒测试也称为功能测试或数据驱动测试，它是在已知产品所应具有的功能下，通过测试来检测每个功能是否都能正常使用。具体的黑盒测试用例设计方法包括等价类划分法、边界值分析法、错误推测法、因果图法、判定表驱动法、正交试验设计法、功能图法等。

等价类划分是把所有可能的输入数据，即程序的输入域划分成若干部分（子集），然后从每一个子集中选取少数具有代表性的数据作为测试用例。边界值分析法就是对输入或输出的边界值进行测试的一种黑盒测试方法。因果图方法最终生成的就是判定表，它适合于检查程序输入条件的各种组合情况。

QTP 是一个功能测试工具，主要帮助测试人员完成软件的功能测试

实训习题

练习 1．模拟实验。

现有一个小程序，能够求出 3 个在-10000 到+10000 间整数中的最大者，程序界面如图 4-45 所示。现在要为这个小程序设计黑盒测试用例。

前面介绍了几种测试用例的设计方法。在实际的应用过程中，有时这些方法的边界并不十分的清晰，例如一个测试用例可以算做是等价类划分法，也可以算做是边界值划分法。因此，在编写测试用例时不必拘泥于严格的区分每个用类的类型，而是要设计出能够实现测试目标的测试用例。

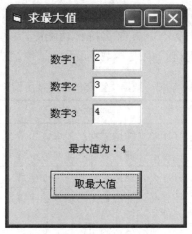

图 4-45　程序运行界面

1．单个文本框的测试用例设计

（1）数值等价类。

对每个文本框而言，输入值的限制是在-10000 到 10000 之间，因此，我们可以划分一个有效等价类和两个无效等价类：

- <-10000。
- -10000 到 10000。
- >+10000。

根据这三个等价类，设计测试用例，如表 4-44 所示。

表 4-44　数值等价类测试用例表

用例序号	测试用例	应产生行为	结果	失败原因
MAX001	输入-9800	程序必须能接受输入并运行正常		
MAX002	输入 0	程序必须能接受输入并运行正常		
MAX003	输入 9800	程序必须能接受输入并运行正常		
MAX004	输入-11000	程序必须能判断输入的数越界并能告知用户		
MAX005	输入 11000	程序必须能判断输入的数越界并能告知用户		

（2）数据类型等价类。

由于在文本框中只能输入整数，因此可以确定：

- 有效等价类：数字。
- 无效等价类：字母、小数点、控制字符、功能键。

根据上述分析，确定测试用例，如表 4-45 所示。

表 4-45 数据类型等价类测试用例表

用例序号	测试用例	应产生行为	结果	失败原因
MAX006	输入 9	程序必须能接受输入并运行正常		
MAX007	输入-	程序必须能接受输入并运行正常		
MAX008	输入+	程序必须能接受输入并运行正常		
MAX009	输入 A	程序必须能检查用户输入的字符是否合理并能告知用户		
MAX010	输入 a	程序必须能检查用户输入的字符是否合理并能告知用户		
MAX011	输入特殊字符，如 %、？、、!、:、/	程序必须能检查用户输入的字符是否合理并能告知用户		
MAX012	输入控制字符如 Ctrl、Shift	程序必须能检查用户输入的字符是否合理并能告知用户		
MAX013	输入功能键，如 F1	程序必须能检查用户输入的字符是否合理并能告知用户		
MAX014	输入 12.34	程序必须能检查用户输入的字符是否合理并能告知用户		
MAX015	输入空格	程序必须能检查用户输入的字符是否合理并能告知用户		
MAX016	输入 0100	程序必须能按需求说明书中的规定将其自动转换为 100		
MAX017	输入 00010	程序必须能按需求说明书中的规定将其自动转换为 10		
MAX018	输入 0000010	程序必须能按需求说明书中的规定将其自动转换为 10		
MAX019	输入----1	程序必须能检查用户输入的字符是否合理并能告知用户		
MAX020	输入+++1	程序必须能检查用户输入的字符是否合理并能告知用户		
MAX021	输入空格	程序必须能检查用户输入的字符是否合理并能告知用户		

（3）其他。

除了上面列出的测试用例外，为了使程序的性能更稳定、良好，还要设计如表 4-46 所示的测试用例。

<p>表 4-46　测试用例表</p>

用例序号	测试用例	应产生行为	结果	失败原因
MAX021	在输入一个数字后，等待很长时间后再输入下一个数字	测试的超时控制能否正常工作		
MAX022	输入 120 后按下"回车"键	光标应自动转移到合适的位置		
MAX023	直接按下"回车"键	程序必须能够给出提示，要求用户必须进行输入		
MAX024	输入 Delete 键和"退格"键	程序必须能正常删除		
MAX025	利用"光标"键移动	光标必须能跟踪到相应位置		
MAX026	在输入框中单击	光标必须能跟踪到相应位置		
MAX027	在输入框双击	文本框内的全部内容处于选中状态		
MAX028	利用"光标"键移动	光标必须能跟踪到相应位置		
MAX029	输入一个数字，再切换到其他程序，然后切换回来	光标位置应停在原处		

（4）边界值。

要测试的程序有两个边界值：-10000 和+10000，同时，按照经验，对于 0 和位数升级的数值（如从 99 到 100，从 999 到 1000 等）也要做一个边界值来进行测试。因此，可以设计出如表 4-47 所示的测试用例。

<p>表 4-47　边界值测试用例表</p>

用例序号	测试用例	应产生行为	结果	失败原因
MAX030	输入-10000	程序必须能接受输入并运行正常		
MAX031	输入-10001	程序必须能检查用户的输入是否合理并给出提示		
MAX032	输入-9999	程序必须能接受输入并运行正常		
MAX033	输入 10000	程序必须能接受输入并运行正常		
MAX034	输入 10001	程序必须能检查用户的输入是否合理并给出提示		
MAX035	输入 9999	程序必须能接受输入并运行正常		
MAX036	输入 0	程序必须能接受输入并运行正常		
MAX037	输入 1	程序必须能接受输入并运行正常		

用例序号	测试用例	应产生行为	结果	失败原因
MAX038	输入-1	程序必须能接受输入并运行正常		
MAX039	输入-99999	程序必须能检查用户的输入是否合理并给出提示		
MAX040	输入 99999	程序必须能检查用户的输入是否合理并给出提示		
MAX041	输入 99	程序必须能接受输入并运行正常		
MAX042	输入 100	程序必须能接受输入并运行正常		
MAX043	输入 101	程序必须能接受输入并运行正常		

2. 程序功能的测试用例设计

（1）等价类。

两个数值的大小有三种情况，大于、等于或小于，现在我们要对三个数进行比较，因此可以划分如表 4-48 所示的等价类。

表 4-48　等价类划分表

A>B	B>C	
	B=C	
	B<C	A>C
		A<C
A=B	B>C	
	B=C	
	B<C	
A<B	B>C	
	B=C	
	B<C	

根据上面的等价类划分，我们可以设计出如表 4-49 所示的测试用例。

表 4-49　程序功能等价类用例

用例序号	测试用例	应产生行为	结果	失败原因
MAX042	输入 3 2 1	显示最大数是 3		
MAX043	输入 3 2 2	显示最大数是 3		
MAX044	输入 3 1 2	显示最大数是 3		
MAX045	输入 3 3 2	显示最大数是 3		

续表

用例序号	测试用例	应产生行为	结果	失败原因
MAX046	输入 3 3 3	显示最大数是 3		
MAX047	输入 3 3 4	显示最大数是 4		
MAX048	输入 2 3 1	显示最大数是 3		
MAX049	输入 2 3 3	显示最大数是 3		
MAX050	输入 2 3 4	显示最大数是 4		
MAX051	输入 3 1 4	显示最大数是 4		

（2）其他。

还可以测试其他的一些测试用例，如表 4-50 所示。

表 4-50　其他测试用例

用例序号	测试用例	应产生行为	结果	失败原因
MAX052	使用 Tab 键	光标可在文本框间顺序移动		
MAX053	当光标停在"取最大值"按钮上时按下"确定"键	求出最大值		
MAX054	单击"最小化"、"最大化"、"还原"按钮	能正常工作		

练习 2．有一个文本框用于输入我们的身份证号，请设计相应的测试用例。

练习 3．现在要测试一个程序，在文本框中输入一个日期，能够显示出这个日期的下一天的日期。例如，在文本框中输入 2006-5-1，能够显示出 2006-5-2。请写出该程序的设计用例。

练习 4．下面是医院管理系统中的入院管理模块的需求说明，请根据需求说明写出测试用例。

（1）病人基本资料表录入、修改、删除、复制。

对于曾住院的病人，根据其提供的住院号码自动在病案首页表中调出病人基本资料；而对于第一次住院的病人则自动为其产生住院号码，如果此人为本校人员或家属，则根据其医疗证号码自动从"学校人员基本资料表"中提取个人基本资料，核对身份并确定个人承担住院费用的百分比。当病人基本资料确认无误后，即写入"病人基本资料表"中。

对于劳保、自费及其他人员应预交押金，且交款数额不得低于规定的下限值，并将交款资料自动填入"病人预交款情况登记表"及累加填入"自费病人资金使用情况表"，同时自动打印交款单据。

（2）病人基本资料查询。查询方式：

单项选择：

- 条件选项：住院号、姓名、床号。
- 报告项目：病人基本资料表中所有项目。
- 报告流向：显示。

组合选择：

- 条件选项：住院日期、交费方式、病种。
- 报告项目：姓名、性别、婚否、出生日期、职业、职称、门诊诊断。
- 报告流向：显示、打印。

（3）病人预交款资料查询。查询方式：

单项选择：

- 条件选项：住院号、姓名、床号、交款日期。
- 报告项目：病人预交款情况登记表中所有项目。
- 报告流向：显示、打印。

练习 5. 实现 QTP 运行时从 Excel 文件中循环读取手机号码，自动生成唯一的随机密码（需要查询数据库），若生成密码在数据库中不唯一则重新生成，直到密码唯一后方可执行下一步操作。设置检查点，检查充值是否成功，若不成功则需要重新充值，直到充值成功为止；为满足业务要求不使用 QTP 自带的检查点功能；为了使脚本能在不同机器上正常运行，不使用 QTP 对象库中生成的对象而使用手工编写对象识别。

5

白盒测试

教学要求

1. 掌握：白盒测试的基本概念以及相关方法。
2. 理解：白盒测试工具 JUnit 的用法。
3. 了解：白盒测试的必要性。

5.1　白盒测试方法

　　一般来说，测试任何产品有两种方法：第一种测试方法就是我们第 4 章提到的黑盒测试，这种测试方法是在已经知道了产品应该具有的功能前提下通过测试来检验每个功能是否都能正常使用。第二种测试方法是在知道产品内部工作过程的前提下通过测试来检验产品内部动作是否按照规格说明书的规定正常进行，这种方法称为白盒测试，又称为结构测试。

　　与黑盒测试相反，白盒测试法是把程序看成装在一个透明的盒子里，按照程序内部的逻辑测试程序，检验程序中的每条通路是否能按预定要求正确工作。白盒测试方法的突出特点是基于被测程序的源代码，而不是软件的规格说明。和其他软件测试技术相比，白盒测试方法得到的测试用例能够做到以下几点：①保证模块中的所有独立路径至少被执行一次；②对所有逻辑值都会测试 TRUE 和 FALSE；③在上下边界及可操作范围内运行所有循环情况；④检查内部数据结构以确保其有效性。由此可知，白盒测试更容易发现软件故障。在软件测试过程中，单元测试大都采用白盒测试。常见的白盒测试方法有代码检查、逻辑覆盖、基本路径测试等。

5.1.1 代码检查

在介绍代码检查之前，需要弄清楚软件测试中的静态测试方法和动态测试方法。所谓静态测试是指在不运行被测试程序，通过其他手段，如检查、审查，达到检测目的。所谓动态测试是指通过运行和使用被测程序，发现软件故障，以达到检测的目的。以检查汽车为例，检查车的油漆、外观，打开车前盖查看里面部件是否有问题属于静态测试。发动汽车，听发动机的声音、通过驾驶检查车的部件是否有问题属于动态测试。

代码检查即静态白盒测试，在不执行程序的条件下仔细审查代码（可采用互查、走查等形式），从而找出软件故障的过程。根据经验表明，代码中65%以上的缺陷可以通过代码检查发现出来。代码检查不仅使修复的时间和费用大幅度降低，而且黑盒测试人员还可以根据审查备注确定存在软件缺陷的特性范围。

那么，如何进行代码检查呢？一般来说，一个代码检查小组通常是由四至五人组成，分别是：本程序的编码人员、程序的设计人员、测试技术人员以及小组协调人等。需要注意的是：协调人的职责包括安排进程、分发材料；记录发现的所有错误；确保所有错误随后得到改正。协调人在代码检查中起主导作用。因此，协调人最好不要是程序的编码人员。

正式审查过程中有4个关键要素：

（1）确定问题。进行代码检查的目的就是要找出代码是否存在逻辑上的错误以及是否在代码中引入了没有在设计中指定的包。在代码检查中，参与人员必须树立正确的态度，如果程序员将代码检查视为对其个人的攻击，采取了防范的态度，那么检查过程就不会有效果。因此，软件中存在的错误应被看作是伴随着软件开发的艰难性所固有而不是编写程序人员本身的弱点。

（2）遵守准则。为了使审查过程有条不紊的进行，在审查前就必须设定一套准则，其中包括审查地点，最好是不受外界干扰的环境；会议时间最好不超过120分钟；代码量以及检查代码的速度适中等。这样，审查才能保质保量的完成。

（3）提前准备。参与人员必须明确自己的职责和义务。经验表明，审查过程中找出的大部分问题是在准备期间发现。

（4）编写审查报告。审查过程最终必须形成一个书面总结报告并及时提交，便于开发小组成员进行修改和改进。

通过正式审查不但可以及早发现软件缺陷，而且可以在讨论和交流中增进成员间的信任，为程序员之间交流经验相互学习提供平台。同时，还可以间接促进程序员更加认真仔细地编写和检查代码。

那么，代码检查应注意哪些可能存在的软件缺陷呢？首先必须对代码的规范性进行审查，如嵌套的IF是否正确的缩进；注释是否准确并有意义；是否使用有意义的标号。在代码检查中，有时出现编写的代码不合符某种标准和规范，虽然这些问题不影响代码正常运行，但是如果程序员能严格遵守一些语言编码标准，如电子电气工程学会（IEEE）提供的程序规范和最佳做法的文档，可以提高代码的可靠性、可移植性和易读性等。代码规范性审查有助于及早发现缺陷，帮助程序员养成良好的编程习惯。另外还要考虑以下几种类别的错误。

（1）数据的引用错误。主要包括是否引用了未初始化的变量；数组和字符串的下标是否为整数值且下标是否越界；变量是否被赋予了不同类型的值；是否为引用指针分配内存；一个数据结构是否在多个函数或者子程序中引用，在每一个引用中是否明确定义了结构等。

（2）数据类型错误。主要包括变量数据类型是否定义错误；变量的精度是否足够；是否对不同数据类型进行比较或赋值等。

（3）数据声明错误。主要包括变量是否在声明的同时进行了初始化；是否正确初始化并与其类型一致；变量是否都赋予正确的长度、类型和存储类；变量名是否相似等。

（4）计算错误。主要包括计算时是否了解和考虑到编译器对类型或长度不一致的变量的转换规则；计算中是否使用了不同数据类型的变量；除数或模是否可能为零；变量的值是否超过有意义的范围；赋值的目的变量是否小于赋值表达式的值等。

（5）逻辑运算错误。主要包括表达式是否存在优先级错误；每一个逻辑表达式是否都正确地表达；逻辑计算是否如期进行；求值次序是否有疑问；逻辑表达式的操作数是否为逻辑值等。

（6）控制流程错误。主要包括程序中的语句组是否对应；程序、模块、子程序和循环能否终止；是否存在永远不停的循环；对于多分支语句，索引变量是否能超出可能的分支数目；是否存在"丢掉一个"错误，导致意外进入循环等。

（7）子程序参数错误。主要包括子程序接收的参数类型和大小与调用代码发送的是否匹配；如果子程序有多个入口点，引用的参数是否与当前入口点没有关系；常量是否当作形参传递，意外在子程序中改动；子程序是否更改了仅作为输入值的参数；每一个参数的单位是否与相应的形参匹配；如果存在全局变量，在所有引用子程序中是否有相似的定义和属性等。

（8）输入/输出错误。主要包括软件是否严格遵守外设读写数据的专用格式；软件是否处理外设未连接、不可用，或者读写过程中存储空间占满等情况；软件是否以预期的方式处理预计的错误；是否检查错误提示信息的准确性、正确性、语法和拼写等。

（9）其他错误。主要包括软件是否使用其他外语；是否处理扩展 ASCII 字符；是否需用统一编码取代 ASCII；程序编译是否产生"警告"或者"提示"信息；是否对外部接口采集的数据进行确认；标号和子程序是否符合代码的逻辑意思等。

5.1.2　覆盖测试

覆盖测试以程序内部的逻辑结构为基础设计测试用例，要求对被测程序的逻辑结构有清楚的了解。根据覆盖测试的目标不同，可分为：语句覆盖、判定覆盖、条件覆盖、判定/条件覆盖、组合覆盖及路径覆盖。为了清楚地说明几种逻辑覆盖测试方法之间的不同，下面以一个小程序为例：

```
if((x>0)&&(y<0))  {
    z=z-(x+y);
}
```

```
if((x>2)||(z>0))   {
    z=z+5;
}
```

其中&&、||是逻辑运算符，3 个输入参数是 x、y、z。其对应的程序流程图如图 5-1 所示（a、b、c、d、e 为控制流上的若干程序点）。

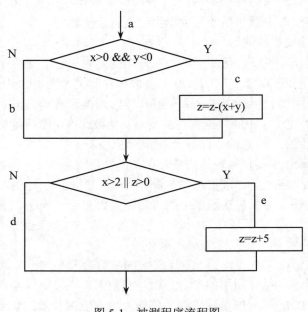

图 5-1　被测程序流程图

1. 语句覆盖

所谓语句覆盖是指设计若干个测试用例，使程序中的每个可执行语句至少被执行一次。对上述程序段，可以设计一个通过路径 ace 的测试路径即可。例如，当 x=4，y= -3，z=2 时（我们不妨把它称为 test1），该程序段中的 4 个语句都得到执行，从而实现语句覆盖。如果所设计的测试用例 test2 为：x=4，y=3，z=2 则该程序执行的为 abe，不满足语句覆盖的条件。

根据上面的例子可以看出，语句覆盖可以保证程序段中的每个语句都能得到执行，似乎能够全面的检验每个语句。事实上，语句覆盖是一种不充分的检验方法，它是比较弱的逻辑覆盖原则。当程序段中的两个判定的逻辑运算存在问题时，例如，如果第一个判断的运算符"&&"和第二个判断的运算符"||"被误写反了。这时使用测试用例 test1 仍然可以让程序按照 ace 的路径执行，却发现不了两个判断中的逻辑错误。除此之外，我们可以比较容易地找出虽然已经满足了语句覆盖，但依然存在错误的例子。如程序段中的 if(x>=0)误写成 if(x>0)若给出的测试数据是大于 0 的数，则语句覆盖满足，该程序得到执行，但是却没有发现该程序的错误。语句覆盖在测试程序时，对检查不可执行语句方面起到一定作用，但被测程序并不是语句间无序的堆积，语句之间存在着各种各样的内部联系。所以，语句覆盖并不能排除被测试程序中存在故

障的风险。

2. 判定覆盖

所谓判定覆盖是指设计若干个测试用例，使得程序中的每个判定至少得到一次真值和假值，即判断中的真假分支至少均执行一次。判定覆盖又称为分支覆盖。

对上述程序段，可以设计如下两个测试用例：

test1：x=4，y=-3，z=2

test3：x=-1，y=1，z=-1

test1 执行了路径 ace，test3 执行了路径 abd，因此使得两个判断中的 4 个分支都得到检测，满足判定覆盖的条件。

还可以设计另外两个测试用例，同样满足判定覆盖条件。

test4：x=3，y=2，z=1

test5：x=1，y=-3，z=-5

test4 执行了路径 abe，test5 执行了路径 acd。

由以上两组测试用例可以看出，它们不仅满足了判定覆盖，同时也满足了语句覆盖。所以，判定覆盖要比语句覆盖更强一些，判定覆盖比语句覆盖要多几乎一倍的测试路径。但是，往往大部分的判定语句是由多个逻辑条件组合而成（如判定语句中包含 AND、OR、CASE），若仅判断其最终结果，而忽略每个条件的取值情况，必然会遗漏部分测试路径。例如，将第二个判断中的 z>0 误写成 z<0，测试用例 test3 依然可以执行路径 abe。满足判定覆盖仍然无法确定判断内部条件的错误。另外，针对如 CASE 语句这种多出口判断，目前编程语言可以支持，因此判定覆盖准则可以扩充到多出口判断的情况。

3. 条件覆盖

所谓条件覆盖是指设计若干个测试用例，使得程序中每个判断中每个条件的可能值至少得到一次。因此，条件覆盖与判定覆盖相比增加了对符合判定情况的测试以及测试路径。

对上述程序段，第一个判断(x>0)&&(y<0)应考虑的情况为：

①x>0 为真，记作 T1

②x>0 为假，记作-T1

③y<0 为真，记作 T2

④y<0 为假，记作-T2

第二个判断(x>2)||(z>0)应考虑的情况为：

①x>2 为真，记作 T3

②x>2 为假，记作-T3

③z>0 为真，记作 T4

④z>0 为假，记作-T4

如表 5-1 所示，我们所设计的测试用例覆盖了以上 8 种情况，即 T1、T2、T3、T4、-T1、-T2、-T3、-T4。

表 5-1　条件覆盖 1

测试用例	x,	y,	z	执行路径	覆盖条件
test1	4	-3	2	ace	T1　T2　T3　T4
test3	-1	1	-1	abd	-T1　-T2　-T3　-T4

通过上表可以看出，test1 和 test3 不仅覆盖了 4 个条件的 8 种情况，而且也同时覆盖了两个判断的 4 个分支。那么，条件覆盖和判定覆盖是否存在着一定的关系？如果满足条件覆盖是否就意味着一定能够满足判定覆盖呢？答案是否定的，条件覆盖并不能保证判定覆盖。条件覆盖只能保证每个条件至少有一次为真，而不考虑所有的判定结果，如表 5-2 所示。

表 5-2　条件覆盖 2

测试用例	x,	y,	z	执行路径	覆盖条件
test4	3	2	1	abe	T1　-T2　T3　T4
Test6	-1	-2	-1	abd	-T1　T2　-T3　-T4

因此，覆盖了所有条件的测试用例不一定覆盖所有的分支。为了解决这一矛盾，就引入了判定/条件覆盖，从而对条件和分支进行兼顾测试。

4. 判定/条件覆盖

所谓判定/条件覆盖是指设计若干个测试用例，使得判断中每个条件的所有（真或假）取值至少出现一次，并且每个判断的所有（真或假）判断结果也至少出现一次。

对上述程序段，当测试用例选取 test1 和 test3 就可以满足判定/条件覆盖，见表 5-1。由此可知，这两个测试数据也就是为了满足条件覆盖标准最初选取的两组数据，判定/条件覆盖并未考虑条件的组合情况，因此，有时判定/条件覆盖也并不比条件覆盖更强。

5. 组合覆盖

所谓组合覆盖是指设计若干个测试用例，使得每个判定条件的各种情况至少出现一次。

对上述程序段，两个判断中的 4 个条件可能出现的组合为：

①x>0, y<0，记作 T1,T2

②x>0, y>0，记作 T1,-T2

③x<0, y<0，记作-T1,T2

④x<0, y>0，记作-T1,-T2

⑤x>2, z>0，记作 T3,T4

⑥x>2, z<0，记作 T3,-T4

⑦x<2, z>0，记作-T3,T4

⑧x<2, z<0，记作-T3,-T4

下面我们将设计 4 个测试用例，满足判定/条件覆盖，如表 5-3 所示。

表 5-3 判定/条件覆盖

测试用例	x,	y,	z	执行路径	覆盖组合	覆盖条件
test1	4	-3	2	ace	①⑤	T1 T2 T3 T4
test3	-1	1	-1	abd	④⑧	-T1 -T2 -T3 -T4
test7	-1	-2	1	abe	③⑦	-T1 T2 -T3 T4
test8	3	1	-1	abe	②⑥	T1 -T2 T3 -T4

以上测试用例覆盖了所有条件组合以及 4 个分支，一般来说，满足条件组合覆盖的测试用例一定满足判定覆盖、条件覆盖和判定/条件覆盖。但是，我们同时可以看到组合覆盖线性地增加了测试用例的数量，并且只执行了 3 条路径，路径 acd 被漏掉。在测试中，只有程序的每一条路径都经得起考验，这种程序才能被称为全面检验的合格品。

6. 路径覆盖

所谓路径覆盖是指设计若干个测试用例覆盖程序中所有的路径。根据图 5-1 可知，这些路径分别为：abd、abe、acd、ace。我们可以选择 test3、test7、test5 和 test1 四个测试用例即可满足路径覆盖，如表 5-4 所示。

表 5-4 路径覆盖

测试用例	x,	y,	z	执行路径
test1	4	-3	2	ace
test3	-1	1	-1	abd
test5	1	-3	-5	acd
test7	-1	-2	1	abe

这种程序比较简短，只需要 4 个测试用例，采用路径覆盖还可以罗列出来。但在实际工作中，即使一个不太复杂的程序其路径有可能是一个巨大的数字。在有些情况下，一些执行路径是不可能被执行的。如果要完全覆盖路径是不太现实的，那么如何解决这一问题呢？我们要对覆盖路径数量进行压缩，例如遇到程序中的循环体只执行了一次。当然，即使做到了路径覆盖，也不能确保被测试程序的正确性。因此，为了能够发现更多的软件故障，就需要针对不同的功能采用不同的测试方法。

5.1.3 路径测试

路径测试就是从一个程序的入口开始，执行所经历的各个语句的完整过程。从广义的角度讲，任何有关路径分析的测试都可以被称为路径测试。

　　路径测试法是在程序控制流图的基础上，通过分析控制构造的环路复杂性，导出基本可执行路径集合，从而设计测试用例的方法。路径测试方法包括以下几个步骤。

　　（1）画出程序的控制流图。所谓控制流图是指程序设计中，为了突出控制流的结构，对程序流程图进行简化后的图。它主要包括节点和控制线两个图形符号。比较常见语句的控制流图，如图 5-2 所示。

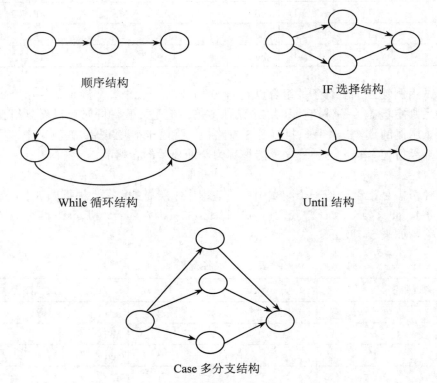

顺序结构

IF 选择结构

While 循环结构

Until 结构

Case 多分支结构

图 5-2　常见的几种控制流图

　　（2）程序环形复杂度：McCabe 复杂性度量。从程序的环路复杂性可导出程序基本路径集合中的独立路径条数，这是确定程序中每个可执行语句至少执行一次所必须的测试用例数目的上界。所谓独立路径就是从程序入口到出口的多次执行中，每次至少有一个语句是新的，未被重复。

　　（3）导出基本路径集，确定程序的独立路径。

　　（4）根据（3）中的独立路径，设计测试用例的输入数据和预期输出，确保基本路径集中的每一条路径的执行。

　　1. 程序路径表达

　　在对路径进行分析时，首先要解决的是确定每个路径以及路径的数目。为了更加直观和形象地表达出每条路径，可采用弧序列或者节点序列的方式表示一条路径，并引入两个运算：加和乘。

（1）弧 a 和弧 b 相加，表示为 a+b，它表明两条弧是"或"的关系，是并行的路段。

（2）弧 a 和弧 b 相乘，表示为 ab，它表明路径是先经历弧 a，接着再经历弧 b，弧 a 和弧 b 是先后相接的。

路径表达式运算满足以下规律：

- 加法交换律：a+b=b+a。
- 加法结合律：a+(b+c)=(a+b)+c。
- 加法幂运算：a+a=a。
- 乘法结合律：a(bc)=(ab)c。
- 分配律：a(b+c)=ab+ac；(a+b)c=ac+bc；(a+b)(c+d)=a(c+d)+b(c+d)。

值得注意的是路径表达式中乘法不满足交换律。

图 5-3 所示是两个简单程序的控制流图。

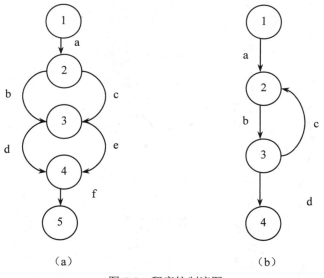

图 5-3　程序控制流图

图 5-3（a）共计 4 条路径：abdf、acef、abef、acdf。根据加和乘的法则可以知道，该程序的路径表达式为：abdf+acef+abef+acdf，即 a(b+c)(d+e)f。

图 5-3（b）是一个循环的控制流图，它的路径是随着循环体被执行的次数的不同而有所增加的。其路径表达式可写成：abd+abcbd+abcbcbd+abcbcbcbd+…，其简化为：ab(1+cb+(cb)×2+…)d。

路径数的计算：

在路径表达式中，将所有弧均以数值 1 来代替，再进行表达式的相乘和相加运算，最后得到的数值即为该程序的路径数。

对于图 5-3（a）可知，将 a、b、c、d、e、f 以 1 代入表达式可得该程序的路径数为：$N=1 \times (1+1) \times (1+1) \times 1=4$。

对于图 5-3（b）可知，将 a、b、c、d 以 1 代入表达式，假设只考虑循环次数小于 3 的情况，则该程序的路径数为：$N=1 \times (1+1+1) \times 1=3$。

2. 程序的环路复杂性

环路复杂性 V(G) 的计算方式有以下三种：

第一种：V(G)=区域数目。程序控制流图中的区域数目对应其结构复杂度。所谓区域是指边界和节点包围的形状。计算区域时还要考虑图外部分，将其作为一个区域。

第二种：$V(G)=E-N+2$，其中 E 表示边界数目，N 表示节点数目。

第三种：$V(G)=P+1$，其中 P 表示判断节点数目。

如图 5-4 所示为某程序段控制流图：

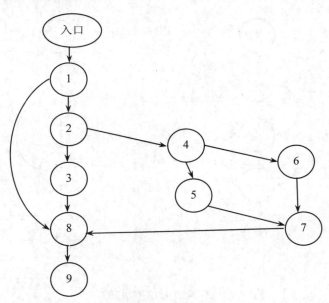

图 5-4　某程序段控制流图

方法一：该控制流图有 4 个区域。

方法二：$V(G)=11-9+2=4$。

方法三：$V(G)=3+1=4$。

根据上述计算，其控制流图最多有 4 条独立路径（以下通过节点序号表示路径），分别是：

P1=1、8、9

P2=1、2、3、8、9

P3=1、2、4、5、7、8、9

P4=1、2、4、6、7、8、9

如果程序的每个独立路径都测试过，则可以认为程序的每个语句都验证过了。

3．Z 路径覆盖

通过对路径覆盖的分析可以知道，对于路径较少且比较简单的程序而言，实现路径覆盖是可能实现的。但是，如果程序中出现多个循环或者判断的话，所涉及的路径数目也会快速增加，这就可能造成无法实现路径覆盖。为了解决这个问题，就必须去除一些次要因素，限制循环次数，从而减少路径数量。这种简化循环下的路径覆盖称为 Z 路径覆盖。

这里所说的对循环化简是指限制循环的次数。无论循环的形式和实际执行循环体的次数多少，我们只考虑循环 1 次和 0 次两种情况。即只考虑执行时进入循环体一次和跳过循环体这两种情况。

程序中比较典型的循环控制结构即为 while 和 do-while。两者的区别在于 while 是先判断，再执行；do-while 是先执行，再判断。因此，do-while 至少执行一次。两种循环的流程图，如图 5-5 所示。

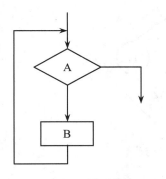 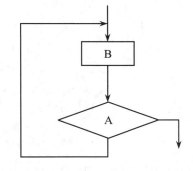

（a）while 循环结构　　　　　　（b）do…while 循环结构

图 5-5　循环结构

根据 Z 路径覆盖的定义，如果限定循环只执行 1 次或 0 次，则图 5-5 中的两个数据流程图合并为一个。如图 5-6 所示，图 5-5（b）先执行循环体 B 一次，再判断，与图 5-6 中只执行右边的支路效果相同。

现在通过一个具体的例子来看如何实现路径测试。有如下程序段：

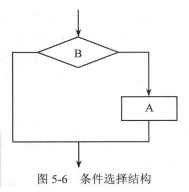

图 5-6　条件选择结构

```
void sort (int x, int y)
1  {
2       int a=1,b=2;
3       while (x--> 0)
```

```
4           {
5                if (y==0)
6                     a=b-3;
7                else
8                     if (y==1)
9                          a=b+5;
10                    else
11                         a=b*2;
12               }
13     }
```

步骤 1：画出控制流图，如图 5-7 所示。

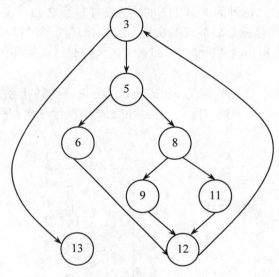

图 5-7　该程序段控制流图

步骤 2：计算环形复杂度：该流程图有 4 个区域。

步骤 3：导出独立路径（用语句编号表示）。

路径 1：3→13

路径 2：3→5→6→12→3→13

路径 3：3→5→8→9→12→3→13

路径 4：3→5→8→11→12→3→13

步骤 4：设计测试用例，见表 5-5。

表 5-5　设计测试用例

测试用例	输入数据	预期输出
测试用例 1	x=0 y=0	a=1 b=2

续表

测试用例	输入数据	预期输出
测试用例 2	x=1 y=0	a=-1 b=2
测试用例 3	x=1 y=1	a=7 b=5
测试用例 4	x=1 y=2	a=4 b=2

5.2　白盒测试工具（JUnit）

　　软件测试在软件投入使用前，对软件需求分析、设计规格书和编码进行最后的审查，这是软件质量保证的关键步骤。大量的数据表明，在软件测试的工作量往往占软件开发总工作的40%以上，而且成本不菲。所以软件测试在整个开发过程中具有举足轻重的地位。

　　软件测试在软件开发过程中跨越了两个阶段：通常在编写每一个模块之后就要做必要的测试，称为单元测试，编码和单元测试属于软件开发过程中的同一阶段。在这个阶段之后，需要对软件系统进行各种综合的测试，即综合测试，它属于软件工程的测试阶段。

　　软件测试是软件开发的重要组成部分，但是很多开发者却忽略单元测试。他们认为测试应该由专门的测试人员来做。因为他们对自己写出的代码很"了解"，但他们却忽视了重要的一点，如果成员不对自己的代码进行测试，他们怎么知道自己写的代码会按照预期的方式运行呢？

　　单元测试就是开发者写一段测试代码来验证自己编写的一段代码运行是否正确。一般来说，一个单元测试用来判定在给定条件写某个函数的行为。例如，如果想测试一个类型的某个函数返回的对象是否是原来预期的对象。

　　那么为什么要进行单元测试呢？当编写完一段代码之后，系统会进行变异，然后开始运行。如果编译都没有通过，运行就更不可能了。

　　如果编译通过只能说明没有语法错误，但却无法保证这段代码在任何时候，都会按照自己的预期结果运行。所有的这些问题单元测试都可以解决。编写单元测试可以验证自己编写的代码是否按照预期运行。总之，单元测试可以使开发者的工作变得越来越轻松。

5.2.1　白盒测试工具介绍

　　JUnit 是 1997 年 Erich 和 Kent Beck 为 Java 语言创建的一个简单而有效的单元测试框架。JUnit 是 XUint 测试体系架构的一种实现。

　　在 JUnit 单元测试框架的设计时，设定了三个总体目标：

　　第一个是简化测试的编写，这种简化包括测试框架的学习和实际测试单元的编写。

第二个是使测试单元保持持久性。

第三个则是可以利用既有的测试来编写相关的测试。

要使用JUnit，请先至JUnit官方网站http://www.junit.org/，单击Download JUnit后出现JUnit下载列表（主要的JUnit版本为JUnit3和JUnit4，本文以JUnit3为主进行讲解），下载JUnit3.8.1压缩包，如图5-8、图5-9所示。

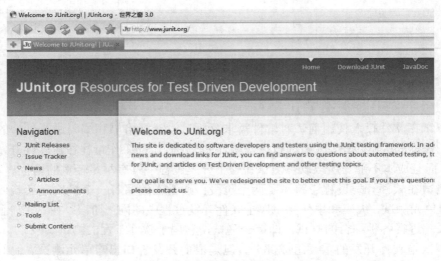

图 5-8　JUnit 官方网站

图 5-9　JUnit 下载列表

下载后解开压缩文件，当中会含有 junit.jar 文件，将这个文件复制到指定的文件夹中，如 c:\junit3.8.1\junit.jar，然后设定 CLASSPATH。

如果在 CMD 环境下可以使用 set classpath 命令进行设置，如图 5-10 所示。

图 5-10　CMD 环境下设置 CLASSPATH

如果是在 Windows 2000/XP 环境下，请在"系统属性"→"高级"→"环境变量"中设定"系统变量"中的 CLASSPATH，如果没有就自行新增，如图 5-11 所示。

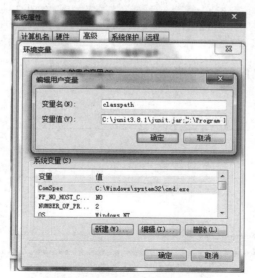

图 5-11　Windows 环境变量设置

可以通过三种方式测试 CLASSPATH 是否设置正确：文本模式测试范例。在 CMD 环境下输入 java junit.textui.TestRunner，如果出现图 5-12 界面表示 JUnit 安装正确。

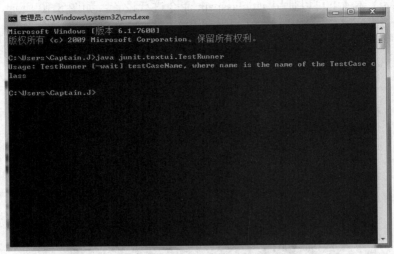

图 5-12　文本模式测试

AWT 图形模式测试范例。在 CMD 环境下输入 java junit.awtui.TestRunner，如果出现图 5-13 界面表示 JUnit 安装成功。

Swing 图形模式测试范例。在 CMD 环境下输入 java junit.swingui.TestRunner，如果出现图 5-14 所示界面表示 JUnit 安装成功。

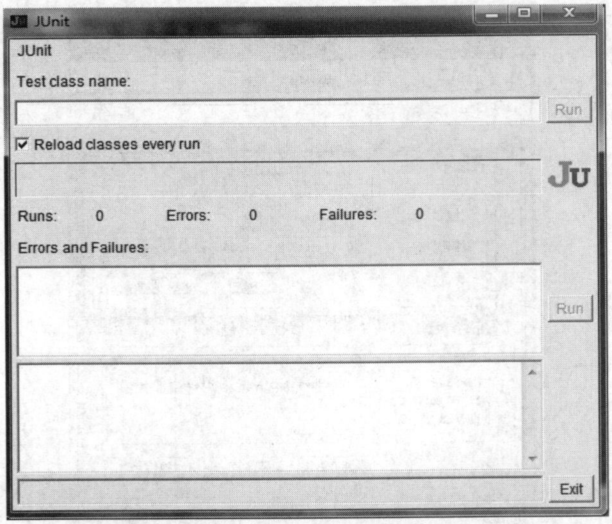

图 5-13　AWT 模式测试

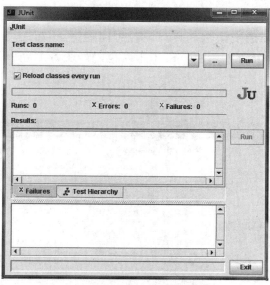

图 5-14　Swing 模式测试

Eclipse 是常用的 Java 开发工具，在 Eclipse IDE 中集成了 JUnit 组件，无需另行下载和安装，但是要使用 Eclipse 中提供的运行 JUnit 单元测试用例和测试套件的图形用户界面，还要在 Eclipse 中进行一些设置。其中主要是类路径变量的设置。下面先看一下路径变量的具体设置步骤：

（1）在主菜单栏上选择"窗口"→"首选项"，出现 Preferences 对话框，如图 5-15 所示。

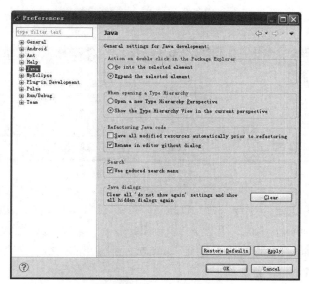

图 5-15　Eclipse 首选项

（2）展开 Java 节点，选择 Build Path→Classpath Variables，如图 5-16 所示，单击 New 按钮，在对话框中输入新的变量名 JUNIT，设置路径为 junit.jar，可以在安装目录 eclipse/plugins/org.junit_3.8.1/junit.jar 下找到 junit 压缩包，如图 5-17 所示，单击 OK 按钮后如图 5-18 所示。

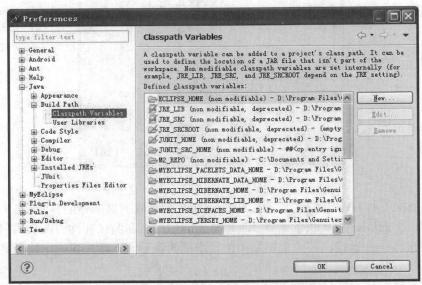

图 5-16　Classpath Variables 设置界面

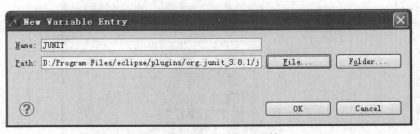

图 5-17　添加 Variable 环境

（3）为了调试的需要，还要添加 JUint 包的源代码，可以在 Eclipse 安装目录 eclipse/plugins/org.eclipse.jdt.source_3.0.2 下搜索到 junitsrc.zip。为 JUnit 源代码创建一个新的变量 JUNIT_SRC，按照上面的步骤将其连接到 junitsrc.zip 所在的路径，如图 5-19 所示，单击 OK 按钮后 Eclipse 下的 JUnit 环境设置完成。

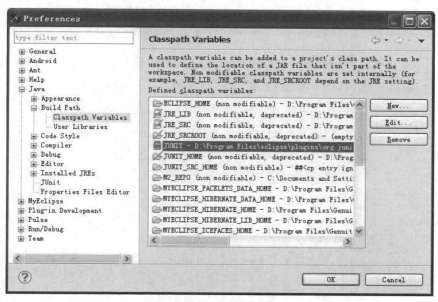

图 5-18　Variable 设置完成

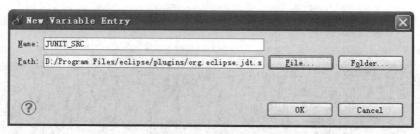

图 5-19　JUnit_SRC 设置

5.2.2　使用 JUnit 进行白盒测试

1. 独立的 JUnit 测试

（1）创建一个简单的 Java 类 Service.java，存放在 D:\junit\bo 文件夹下，类中有一个方法 caculate( )用于判断输入的三个数字构不构成三角形，类的代码为：

```
package bo;

public class Service {
    public String caculate(int a, int b,int c) {
        String result=null;
        if(a+b<=c||a+c<=b||b+c<=a){
            result="非三角形";
        }else if(a==b&&a==c&&b==c){
            result="等边三角形";
```

```
        }else if(a!=b&&a!=c&&b!=c){
                result="一般三角形";
        }else{
                result="等腰三角形";
        }
        return result;
    }
}
```

（2）创建该类的测试类 ServiceTest.java，存放在 D:\junit\test 文件夹下，类的代码为：

```
package test;

import bo.Service;
import junit.framework.TestCase;

public class ServiceTest extends TestCase {
    public void testCaculate() {
        Service service = new Service();
        assertEquals(service.caculate(1, 1, 1), "等边三角形");
        assertEquals(service.caculate(1, 1, 2), "非三角形");
        assertEquals(service.caculate(3, 4, 5), "一般三角形");
        assertEquals(service.caculate(2, 2, 3), "等腰三角形");
    }
}
```

（3）编译源代码后，输入图 5-20 所示命令执行测试，如果显示 OK 表示测试通过。

图 5-20　DOS 环境测试用过

（4）将原本正确的代码修改错误，代码如下：

```
package bo;

public class Service {
    public String caculate(int a, int b, int c) {
        String result=null;
        if(a+b<=c&&a+c<=b||b+c<=a){//此行代码中的||换成了&&，模拟程序代码错误
            result="非三角形";
        }else if(a==b&&a==c&&b==c){
            result="等边三角形";
        }else if(a!=b&&a!=c&&b!=c){
```

```
            result="一般三角形";
        }else{
            result="等腰三角形";
        }
        return result;
    }
}
```

（5）重新编译后执行测试如图 5-21，结果显示测试失败。

图 5-21 DOS 环境下测试失败

2. Eclipse 环境下 JUnit 测试

（1）创建一个 Java 项目 junit_test，选中项目文件右击选择 Build Path→Configure Build Path，如图 5-22 所示。

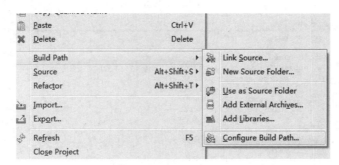

图 5-22 Build Path 设置 1

（2）在弹出的图 5-23 所示的窗口中单击 Add Variable，在图 5-24 界面中选择上一节新建的 JUnit 后单击 OK 按钮。

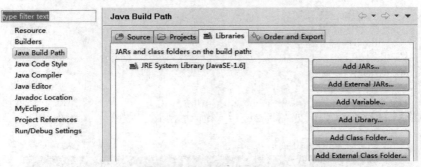

图 5-23　Build Path 设置 2

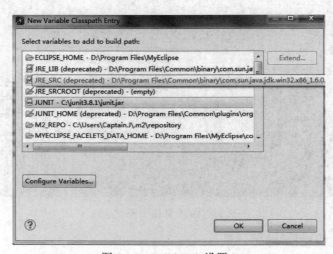

图 5-24　Build Path 设置 3

（3）在项目中新建 Service.java，如图 5-25 所示。

```java
package bo;

public class Service {
    public String caculate(int a, int b,int c) {
        String result=null;
        if(a+b<=c||a+c<=b||b+c<=a){
            result="非三角形";
        }else if(a==b&&a==c&&b==c){
            result="等边三角形";
        }else if(a!=b&&a!=c&&b!=c){
            result="一般三角形";
        }else{
            result="等腰三角形";
        }
        return result;
    }
}
```

图 5-25　Service.java

（4）在项目中新建 ServiceTest.java，如图 5-26 所示。

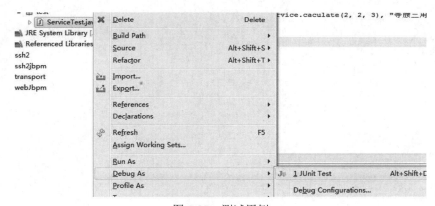

```java
package test;

import bo.Service;

public class ServiceTest extends TestCase {
    public void testCaculate() {
        Service service = new Service();
        assertEquals(service.caculate(1, 1, 1), "等边三角形");
        assertEquals(service.caculate(1, 1, 2), "非三角形");
        assertEquals(service.caculate(3, 4, 5), "一般三角形");
        assertEquals(service.caculate(2, 2, 3), "等腰三角形");
    }
}
```

图 5-26　ServiceTest.java

（5）选中 ServiceTest.java 文件右击后选择 Debug As→JUnit Test，如图 5-27 所示。

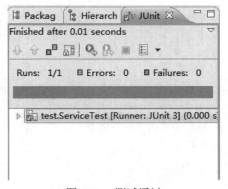

图 5-27　测试用例

（6）如果图 5-28 中的进度条为绿色则表示测试通过。

图 5-28　测试通过

本章介绍了白盒测试的相关概念，详细介绍了几种白盒测试方法，如代码检查、语句覆盖、判定覆盖、条件覆盖、判定/条件覆盖、组合覆盖、路径覆盖和路径测试等。全面分析了这几种白盒测试的优缺点以及相关用法。并介绍了白盒测试工具 JUnit 的使用方法。

练习 1．什么是白盒测试？它有哪些测试方法？

练习 2．本章所介绍的几种代码覆盖的优缺点分别是什么。

练习 3．用不同的覆盖测试，设计下面程序段的测试用例。

```
if(a>1||y<6)
    c=c+x;
if(a<25&&c>0)
    c=c*y;
```

练习 4．什么是 JUnit?

6

性能测试

教学要求

1. 理解：软件性能概念和指标。
2. 掌握：基准测试、容量规划测试和渗入测试方法。
3. 掌握：性能测试工具。

6.1 软件性能

6.1.1 软件性能概述

当我们提到软件性能测试时，有一点是很明确的：测试关注的重点是"性能"。那么，本书要解决的第一个问题就是：究竟什么是"软件性能"？

一般来说，性能是一种指标，表明软件系统或构件对于其及时性要求的符合程度；其次，性能是软件产品的一种特性，可以用时间来进行度量。

性能的及时性用响应时间或者吞吐量来衡量。响应时间是对请求做出响应所需要的时间。

对于单个事务，响应时间就是完成事务所需的时间；对于用户任务，响应时间体现为端到端的时间。比如，"用户单击 OK 按钮后 2 秒钟内收到结果"就是一个对用户任务响应时间的描述，具体到这个用户任务中，可能有多个具体的事务需要完成，每个事务都有其单独的响应时间。

对交互式的应用（如典型的 Web 应用）来说，我们一般以用户感受到的响应时间来描述系统的性能，而对非交互式应用（嵌入式系统或是银行等的业务处理系统）而言，响应时间是指系统对事件产生响应所需要的时间。

通常，对软件性能的关注是多个层面的：用户关注软件性能，管理员关注软件性能，产品的开发人员也关注软件性能，那么这些不同的关注者所关注的"性能"的具体内容是不是都完全相同呢？如果不同，这些不同又在哪里？最后，作为软件性能测试工程师，不同层面的软件性能都需要关注，在关注全部这些层面的性能体现时，又应该注意哪些内容呢？下面我们从三个不同的层面来对软件性能进行阐述。

1. 用户视角的软件性能

从用户的角度来说，软件性能就是软件对用户操作的响应时间。说得更明确一点，对用户来说，当用户单击一个按钮、发出一条指令或是在 Web 页面上单击一个链接，从用户单击开始到应用系统把本次操作的结果以用户能察觉的方式展示出来，这个过程所消耗的时间就是用户对软件性能的直观印象。图 6-1 以一个 Web 系统为例，说明了用户的这种印象。

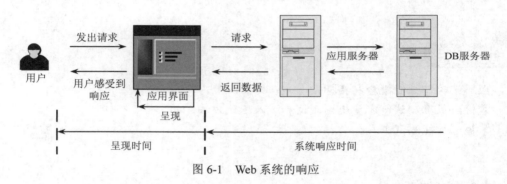

图 6-1　Web 系统的响应

必须要说明的是，用户所体会到的"响应时间"既有客观的成分，也有主观的成分。例如，用户执行了某个操作，该操作返回大量数据，从客观的角度来说，事务的结束应该是系统返回所有的数据，响应时间应该是从用户操作开始到所有数据返回完成的整个耗时；但从用户的主观感知来说，如果采用一种优化的数据呈现策略，当少部分数据返回之后就立刻将数据呈现在用户面前，则用户感受到的响应时间就会远远小于实际的事务响应时间（顺便说一下，这种技巧是在 C/S 结构的管理系统中开发人员常用的一种技巧）。

2. 管理员视角的软件性能

从管理员的角度来看，软件系统的性能首先表现在系统的响应时间上，这一点和用户视角是一样的。但管理员是一种特殊的用户，和一般用户相比，除了会关注一般用户的体验之外，还会关心和系统状态相关的信息。例如，管理员已经知道，在并发用户数为 100 时，A业务的响应时间为 8 秒，那么此时的系统状态如何呢？服务器的 CPU 使用是不是已经达到了最大值？是否还有可用的内存？应用服务器的状态如何？设置的 JVM 可用内存是否足够？数据库的状况如何？是否还需要进行一些调整？这些问题普通的用户并不关心，因为这不在他们的体验范围之内；但对管理员来说，要保证系统的稳定运行和持续的良好性能，就必须关心这些问题。

另一方面，管理员还会想要知道系统具有多大的可扩展性，处理并发的能力如何；而且，管理员还会希望知道系统可能的最大容量是什么，系统可能的性能瓶颈在哪里，通过更换哪些设备或是进行哪些扩展能够提高系统性能，了解这些情况，管理员才能根据系统的用户状况制定管理措施，在系统出现计划之外的用户增长等紧急情况时能够立即制定相应措施，进行迅速的处理；此外，管理员可能还会关心系统在长时间的运行中是否足够稳定，是否能够不间断地提供业务服务等。

因此，从管理员的视角来看，软件性能绝对不仅是应用的响应时间这么一个简单的问题。表 6-1 给出了管理员关注的部分性能相关问题的列表。

表 6-1　管理员关注的部分性能相关问题

管理员关心的问题	软件性能描述
服务器的资源使用状况是否合理	资源利用率
应用服务器和数据库的资源使用状况是否合理	资源利用率
系统是否能够实现扩展	系统可扩展性
系统最多能支持多少用户的访问？系统最大的业务处理量是多少	系统容量
系统性能可能的瓶颈在哪里	系统可扩展性
更换哪些设备能够提高系统性能	系统可扩展性
系统能否支持 7×24 小时的业务访问	系统稳定性

3. 开发视角的软件性能

从开发人员的角度来说，对软件性能的关注就更加深入了。开发人员会关心主要的用户感受——响应时间，因为这毕竟是用户的直接体验；另外，开发人员也会关心系统的扩展性等管理员关心的内容，因为这些也是产品需要面向的用户（特殊的用户）。但对开发人员来说，其最想知道的是"如何通过调整设计和代码实现，或是如何通过调整系统设置等方法提高软件的性能表现"和"如何发现并解决软件设计和开发过程中产生的由于多用户访问引起的缺陷"。因此，其最关注的是使性能表现不佳的因素和由于大量用户访问引发的软件故障，也就是我们通常所说的"性能瓶颈"和系统中存在的在大量用户访问时表现出来的缺陷。

举例来说，对于一个没有达到预期性能规划的应用，开发人员最想知道的是，这个糟糕的性能表现究竟是由于系统架构选择得不合理还是由于代码实现的问题引起？由于数据库设计的问题引起？还是由于系统的运行环境所制成？

或者，对于一个即将发布到现场给用户使用的应用，开发人员可能会想要知道当大量用户访问这个系统时，系统会不会出现某些故障，例如，是否存在由于资源竞争引起的挂起？是否存在由于内存处理等问题引起的系统故障？

因此，对开发人员来说，单纯获知系统性能"好"或者"不好"的评价并没有太大的意义，他们更想知道的是"哪些地方是引起不好的性能表现的根源"或是"哪里可能存在故障发生的可能"。

表 6-2 给出了开发视角的软件性能关注内容。

表 6-2　开发人员关注的性能问题

开发人员关心的问题	问题所属层次
架构设计是否合理	系统架构
数据库设计是否存在问题	数据库设计
代码是否存在性能方面的问题	代码
系统中是否有不合理的内存使用方式	代码
系统中是否存在不合理的线程同步方式	设计与代码
系统中是否存在不合理的资源竞争	设计与代码

以上我们描述了三个不同层面上的软件性能关注点，由此可见，不同的对象对软件系统性能的关注是有着显著的差异的。从项目管理的角度，以系统干系人来分析，大部分用户对性能的理解属于"用户视角"，项目的维护人员或是用户方的项目经理一般会从"管理员视角"来看待软件性能的问题，而项目的创建者——开发人员（包括设计人员）自然就是从"开发视角"来关注软件性能了。

因此，对软件性能测试来说，在不同的层面上要求我们关注不同的内容：从直接体验的用户的角度来说，表现为软件系统对用户操作的响应时间；在系统或是管理员的关注层面，我们还需要从软件的性能表现分析系统的可扩展性、并发能力等指标；最后，从最贴近软件的创建者——开发人员的角度来说，还需要为软件性能问题进行定位，了解性能的制约因素和引起性能问题的关键原因。

6.1.2　软件性能指标

通常，衡量一个软件系统性能的常见指标有：

1. 响应时间

响应时间是"对请求做出响应所需要的时间"，我们把响应时间作为用户视角的软件性能的主要体现。

图 6-2 将用户所感受到的软件性能（响应时间）划分为"呈现时间"和"系统响应时间"两个部分，其中"呈现时间"取决于数据在被客户端收到响应数据后呈现页面所消耗的时间，例如，对一个 Web 应用，呈现时间就是浏览器接收到数据后用户把数据呈现出来的时间；而"系统响应时间"指应用系统从请求发出开始到客户端接收到数据所消耗的时间。在一般的性

能测试中，我们并不关注"呈现时间"，这是因为呈现时间在很大程度上取决于客户端的表现，例如，一台内存不足的客户端机器在处理复杂页面时，其呈现时间可能就很长，而这并不能说明整个系统的性能。在后续的软件性能测试的讨论中，我们不会区分"系统响应时间"和"响应时间"，直接把这里的"系统响应时间"等同于"响应时间"。

 **读者点拨**

有些细心的读者可能已经注意到了，在这里把"系统响应时间"定义为"应用系统从发出请求开始到客户端接收到**响应**所消耗的时间"，而许多描述性能测试的书或者工具却把"响应时间"定义为"应用系统从请求发出开始到客户端接收到**最后一个字节数据**所消耗的时间"。造成这种差异的原因是我们认为，对用户体验来说，可以采用一些技巧在数据尚未完全接收完成时进行呈现来减少用户感受到的响应时间。当然，在后续的对性能测试的描述中，尤其是针对 Web 应用的测试（因为浏览器行为是既定的），我们仍然采用后一种定义方式来描述响应时间。

响应时间可以被进一步分解。图 6-2 描述了一个 Web 应用的页面响应的时间构成。从图中可以看到，页面的响应时间可被分解为"网络传输时间"（N1+N2+N3+N4）和"应用延迟时间"（A1+A2+A3），而"应用延迟时间"又可以分解为"数据库延迟时间"（A2）和"应用服务器延迟时间"（A1+A3）。之所以要对响应时间进行这些分解，主要目的是为了能更好定位性能瓶颈的所在。在后续的实例讨论中，读者将会看到如何应用这些响应时间的分解进行性能问题的定位。

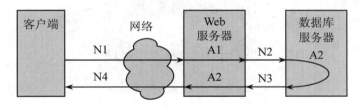

图 6-2　Web 应用的页面响应时间分解

关于响应时间，要特别说明的一点是，对客户来说，该值是否能够被接受带有一定的用户主观色彩，也就是说，响应时间的"长"和"短"没有绝对的区别。

例如，对一个电子商务网站来说，在美国和欧洲，一个普遍被接受的响应时间标准为 2/5/10 秒，也就是说，在 2 秒钟之内给客户响应被用户认为是"非常有吸引力的"，在 5 秒钟之内响应客户被认为是"比较不错的"，而 10 秒钟是客户能接受的响应时间的上限。

但考虑一个税务报账系统，该系统的用户每月使用一次该系统，一次花费 2 小时以上进行数据的录入，当用户单击"提交"按钮后，即使系统在 20 分钟后才给出"处理成功"的消息，用户仍然不会认为该系统的响应时间不能接受——毕竟，相对于一个月才进行一次的操作来说，20 分钟确实是一个可以接受的等待时间。

因此，在进行性能测试时，"合理的响应时间"取决于实际的用户需求，而不能依据测试人员自己的设想来决定。

2. 并发用户数

在阐述这个术语之前，先来看看为什么在性能测试中需要关注这个"并发用户数"。

首先，如果性能测试的目标是验证当前系统能否支持现有用户的访问，最好的办法就是弄清楚会有多少用户在同一个时间段内访问被测试的系统，如果使用性能测试工具模拟出与系统的访问用户数相同的用户，并模拟用户的行为，那得到的测试结果就能够真实反映实际用户访问时的系统性能表现，这样一来，也就能够通过性能测试了解到当系统处于实际用户访问时，会具有怎样的性能表现。这里提到的在同一个时间段内访问系统的用户数量，也就是我们说的并发用户数的一个概念，这种并发的概念通常在性能测试（Performance Testing）方法中使用，用于从业务的角度模拟真实的用户访问，体现的是业务并发用户数。

如果抛开业务的层面，仅从服务器端承受的压力来考虑，那么，对 C/S 或是 B/S 结构的应用来说，系统的性能表现毫无疑问地主要由"服务端"决定。在什么时候"服务端"会承受最大的压力，或者说，在什么时候"服务端"表现出最差的性能呢？毫无疑问，肯定是在大量用户同时对这个系统进行访问的时候。为了说明这个"同时"，参见图 6-3 所示。

图 6-3　用排球击打墙面

图 6-3 说明这种"同时"，毫无疑问，越多的球同时击打到墙面，墙面承受的压力也就越大。如果把击打排球的人看成是系统的使用者，墙壁代表可怜的服务端，显然，当越多的用户同时使用系统，系统承受的压力越大，系统的性能表现也就越差，而且，此时很可能出现由于用户的同时访问导致的资源争用等问题。我们在这里提到了"并发用户数"的另一个概念，该概念不从业务角度出发，而是从服务端承受的压力出发，描述的是同时向客户端发出请求的客户，该概念一般结合并发测试（Concurrency Testing）使用，体现的是服务端承受的最大并发访问数。

下面我们用一个更接近实际的例子来说明这两个并发概念之间的不同。

图 6-4 所示是实际应用系统的演示。

对服务端来说，每个用户和服务端的交互都是离散的。如果仅考虑一个单独的用户对系统的使用，过程大致如下：用户每隔一段时间向服务端发送一个请求或是命令，服务端按照用户的请求执行某些操作，然后将结果返回给用户。

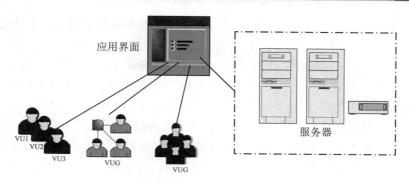

图 6-4　实际应用系统

从用户的角度来看，在一个相当长的时间段内（例如 1 天），都会有基本固定数量的使用者使用该系统，虽然每个使用者的行为不同，但从业务的角度来说，如果所有这些用户的操作都没有遇到性能障碍，则可以说该系统能够承受该数量的并发用户访问，这里的并发概念就是前面讨论的业务并发用户数。

然而，如果考虑整个系统运行过程中服务器所承受的压力，情况就会不同了：在该系统的运行过程中，把整个运行过程划分为离散的时间点，在每个点上，都有一个"同时向服务端发送请求的客户数"，这个就是服务端承受的最大并发访问数。如果能找到运行过程中可能出现的最大可能的服务端承受的最大并发访问数，则在该用户数下，服务器承受的压力最大，资源承受的压力也最大，在这种状态下，可以考虑通过并发测试发现系统中存在的并发引起的资源争用等问题。

 读者点拨

上面提到的两个不同的并发概念之间最根本的不同是什么呢？读者可以这样理解：假如采用第一种并发的概念，同样是 2000 人规模的并发用户数，如果用户的操作方式不同（场景不同），服务器承受的压力是完全不同的（设想一种极端的情况，在一种情况下，所有用户均不辞劳苦地平均每秒单击一次，发起一个业务；而在另一种情况下，所有用户平均 5 秒才单击一次，发起一个业务，则可以很明显地想象到，两种情况下服务器可能承受的最大压力是不同的），而在采用后一个概念的情况下，如果两种情况具有相同的最大并发用户数，则说明这两种情况下服务器承受的最大压力是相同的。

在实际的性能测试中，经常接触到的与并发用户数相关的概念还包括"并发用户数"、"系统用户数"和"同时在线用户人数"，下面用一个实际的例子来说明它们之间的差别。

假设有一个 OA 系统，该系统有 2000 个用户——这就是说，可能使用该 OA 系统的用户总数是 2000 名，这个概念就是"系统用户数"，该系统有一个"在线统计"功能（系统用一个全局变量计数所有已登录的用户），从在线统计功能中可以得到，最高峰时有 500 人在线（这个 500 就是一般所说的"同时在线人数"），那么，系统的并发用户数是多少呢？

根据我们对业务并发用户数的定义，这 500 就是整个系统使用时最大的业务并发用户数。当然，500 这个数值只是表明在最高峰时刻有 500 个用户登录了系统，并不表示实际服务器承受的压力。因为服务器承受的压力还与具体的用户访问模式相关。例如，在这 500 个"同时使用系统"的用户中，考察某一个时间点，在这个时间上，假设其中 40%的用户在饶有兴致地看系统公告（注意"看"这个动作是不会对服务端产生任何负担的），20%的用户在填写复杂的表格（对用户填写的表格来说，只有在"提交"的时刻才会向服务端发送请求，填写过程是不对服务端构成压力的），20%部分用户在发呆（也就是什么也没有做），剩下的 20%用户在不停地从一个页面跳转到另一个页面——在这种场景下，可以说，只有 20%的用户真正对服务器构成了压力。因此，从上面的例子中可以看出，服务器实际承受的压力不只取决于业务并发用户数，还取决于用户的业务场景。

那么，该系统的服务端承受的最大并发访问数是多少呢？这个取决于业务并发用户数和业务场景，一般可以通过对服务器日志的分析得到。

 教您两招

究竟怎样确定一个实际系统的并发用户数呢？在给出答案之前，各位读者不妨自己先思考一下。还是以上面的例子来说，对这样一个系统，如果读者是测试的负责人员，该如何去设计测试呢？

我们前面已经说过，"并发用户数"决定于具体的业务场景，因此，在确定这个"并发用户数"之前，必须先对用户的业务进行分解，分析出其中的典型业务场景（也就是用户最常使用、最关注的业务操作），然后基于场景采用某些方法获得其"并发用户数"。

在实际的性能测试工作中，测试人员一般比较关心的是业务并发用户数，也就是从业务角度关注究竟应该设置多少个并发数比较合理，因此，在后面的讨论中，也是主要针对业务并发用户数进行讨论，而且，为了方便，直接将业务并发用户数称为并发用户数。

那么，究竟应该如何获得测试人员关心的并发用户数的具体数值呢？

下面给出了一些用于估算并发用户数的公式，详细内容可参见书后参考文献[3]。

$$C = \frac{nL}{T} \tag{1}$$

$$\hat{C} \approx C + 3\sqrt{C} \tag{2}$$

在公式（1）中，C 是平均的**并发用户数**；n 是 login session[①]的数量；L 是 login session 的

[①] 参考文献[3]中将 login session 定义为"用户从登录进入系统到退出系统之间的时间段"（A *login session* is a time interval defined by a start time and end time. Take any web application that requires user authentication as an example, a login session starts from the time the user logs on to the system and ends when the user logs out.），文献中对并发用户数的讨论都基于该 login session。

平均长度[②]；T 是指考察的时间段长度。例如，对一个典型的 OA 应用，考察的时间段长度应该为 8 小时的工作时间。

公式（2）则给出了并发用户数峰值的计算方式，其中，$\hat{C}$ 指并发用户数的峰值，C 就是公式（1）中得到的平均的并发用户数。该公式的得出是假设用户的 login session 产生符合泊松分布而估算得到的。

下面根据书后参考文献[3]给出的方法进行实例计算。

实例：假设有一个 OA 系统，该系统有 3000 个用户，平均每天大约有 400 个用户要访问该系统，对一个典型用户来说，一天之内用户从登录到退出该系统的平均时间为 4 小时，在一天的时间内，用户只在 8 小时内使用该系统。

则根据公式（1）和公式（2），可以得到：

$$C=400\times4/8=200$$

$$\hat{C}\approx200+3\times\sqrt{200}=242$$

书后参考文献[3]同时还给出根据并发用户数估算其他相关属性的方法。例如，如果能够知道平均每个用户发出的请求数（假设为 u），则系统的总吞吐量就可估算为 $u\times C$。

当然，书后参考文献[3]给出的是一种可行的方法，但仔细考究起来，其并不是唯一，甚至说不上是最精确的方法，因为在公式中仍然需要估算"平均用户数"和"login session 的长度"，而要精确估算这两个值并不容易。另外，考虑到用户的业务操作存在一定的时间集中性（也就是说，用户对系统业务的访问往往不是平均分布在整个考察时间段内，而是相对集中地分布在某几个时间段内），采用公式（1）和公式（2）进行计算仍然存在一定的偏差。

基于书后参考文献[3]提供的方法，我们给出对该公式使用的一些建议，遵循这些建议，可以更精确地计算得到并发用户数：

（1）以更细的时间粒度进行考察：例如，可以设定 1 个小时为考察时间的粒度，对一个典型的 OA 系统，将一天的上班时间划分为 8 个区间，这样可以解决前面提到的业务操作存在的时间集中性的问题。

（2）考虑典型的业务模式：不同的应用有不同的业务模式，例如，一个内部系统一般在上班开始后的 30 分钟至 1 个小时集中出现用户的登录；一个账务系统在每月的结账日前几天会比较繁忙；一个门户网站在重大消息发布的前后会有访问高峰；一个旅游的网站在节假日前夕会有大量用户的访问……因此，在考虑计算并发用户数时，可以结合应用的业务模式，多考虑一些可能发生的场景，基于这些场景进行估算。

除了书后参考文献[3]介绍的方法之外，对于企业内部使用的 Web 系统来说，一个更一般的（当然精度更差）经验公式是：

---

② login session 的长度是指 login session 时间段的时间长度。

$$C = n/10 \tag{3}$$

$$\hat{C} \approx r \times C \tag{4}$$

也就是说，用每天访问系统用户数的 10%作为平均的**并发用户数**，并发用户数的最大值由并发用户数乘上一个调整因子 r 得到，r 的取值一般为 2～3。

公式（3）和公式（4）可以在要求不太严格的性能测试，或是只有很少数据支持分析的性能测试中使用。

在本节的前面部分提到了"日志分析"方法。所谓"日志分析"方法是指通过对应用服务器的日志进行分析，从而了解系统用户的使用状态，从日志中计算出"服务器承受的最大并发用户访问数"数据。这种方式得到的数据准确度和可信度都比较高，对于 Internet 应用等无法估计用户数量和用户行为模式的应用，这种方式最为可信。

"日志分析"的方法需要日志分析工具的支持，这里推荐 AWStats 开源工具（http://awstats.sourceforge.net/），该工具是一个基于 Perl 的日志分析工具，可以对 Apache/IIS 的日志进行分析，并提供了良好的扩展支持。其他的商业工具可参见 http://directory.google.com/Top/Computers/Software/Internet/Site_Management/Log_Analysis/Commercial/。

3. 吞吐量

吞吐量是指"单位时间内系统处理的客户请求的数量"，直接体现软件系统的性能承载能力。一般来说，吞吐量用请求数/秒或是页面数/秒来衡量，从业务的角度，吞吐量也可以用访问人数/天或是处理的业务数/小时等单位来衡量。当然，从网络的角度来说，也可以用字节数/天来考察网络流量。

例如，对一个 Web 应用系统来说，从系统的处理能力考虑，可以以页面数/秒作为吞吐量的标准；对一个银行的业务前台系统来说，可以以其处理的业务数/小时作为吞吐量的标准。

在本章的开始部分已经讨论过，对于交互式应用，用户直接的体验是"响应时间"，通过"并发用户数"和"响应时间"可以确定系统的性能规划；但对于非交互式应用，用"吞吐量"来描述我们对系统性能的期望可能更加合理。

对于交互式应用来说，吞吐量指标反映的是服务器承受的压力。在容量规划的测试中，吞吐量是一个重点关注的指标，因为它能够说明系统级别的负载能力；另外，在性能调优的过程中，吞吐量指标也有重要的价值，例如，Empirix 公司在报告中声称，在他们所发现的性能问题中，有 80%是因为吞吐量的限制导致的。

在对 Web 系统的性能测试过程中，吞吐量主要以请求数（单击数）/秒[③]、页面数/秒或是字节数/秒来体现，吞吐量指标可以在两个方面发挥作用：

[③] 在大部分性能测试工具的统计中，单击数（Hits）是指客户端发出的 HTTP 的请求的数量，而不是指用户在 HTML 页面上的一次单击事件。例如，一次单击事件请求了页面 A，页面 A 包含 3 张图片和一个框架（Frame），则这次单击事件共产生了 5 个单击数（包括对页面 A 本身的请求）。

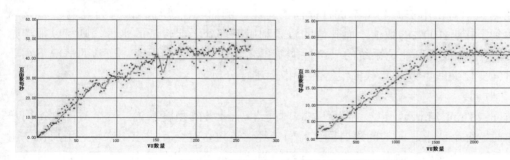

性能测试   第6章

（1）用于协助设计性能测试场景，以及衡量性能测试场景是否达到了预期的设计目标：在设计性能测试场景时，吞吐量可被用于协助设计性能测试场景，根据估算的吞吐量数据，可以对应到测试场景的事务发生频率、事务发生次数等；另外，在测试完成后，根据实际的吞吐量可以衡量测试是否达到了预期的目标。

（2）用于协助分析性能瓶颈：吞吐量的限制是性能瓶颈的一种重要表现形式，因此，有针对性地对吞吐量设计测试，可以协助尽快定位到性能瓶颈所在位置。例如，RBI（Rapid Bottleneck Identify）方法就主要通过吞吐量测试发现性能瓶颈。

以不同方式表达的吞吐量可以说明不同层次的问题。例如，以字节数/秒方式表示的吞吐量主要受网络基础设施、服务器架构、应用服务器制约；以单击数/秒方式表示的吞吐量主要受应用服务器和应用代码的制约。

作为性能测试时的主要关注指标，吞吐量和并发用户数之间存在一定的联系。在没有遇到性能瓶颈时，吞吐量可以采用如下公式计算：

$$F = \frac{N_{\mathrm{vu}} \times R}{T} \tag{5}$$

其中，F 表示吞吐量；N_{vu} 表示 VU（Virtual User，虚拟用户）的个数；R 表示每个 VU 发出的请求（单击）数量；T 表示性能测试所用的时间。但如果遇到了性能瓶颈，此时吞吐量和 VU 数量之间就不再符合公式（5）给出的关系。

常用于分析吞吐量的图形是"吞吐量－VU 数量"的关联图。图 6-5 给出了两个"吞吐量－VU 数量"关联图的示例。

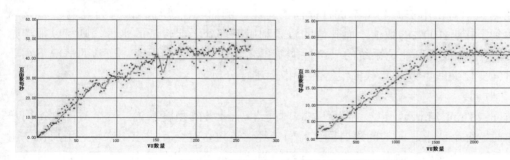

图 6-5　"吞吐量－VU 数量"关联图示例

从图中可以看到，吞吐量在 VU 数量增长到一定程度的时候产生了性能瓶颈。

最后，必须要说明的是，虽然吞吐量指标可被看作是系统承受压力的体现，但在不同并发用户数量的情况下，对同一个系统施加相同的吞吐量压力，很可能会得到不同的测试结果。书后参考文献[5]中就给出了一个示例。

对同一个应用进行两次不同的性能测试，测试 A 采用 100 个并发，每个 VU 间隔 1 秒发出一个请求；测试 B 采用 1000 个并发，每个 VU 间隔 10 秒发出一个请求；对测试 A，测试时的吞吐量（页/秒）为 100×1/1=100；对测试 B，测试时的吞吐量（页/秒）为 1000×1/10=100，仍然是 100。但从测试结果来看，执行测试 A 时，应用在 50 页/秒出现性能瓶颈，而测试 B 在 25 页/秒出现性能瓶颈。

 **读者点拨**

许多性能测试工具生成的报告中都会有"吞吐量"这个项目。其实吞吐量本身就是一个很直观的指标，两个不同系统可能具有不同的用户数和用户使用模式，但如果具有基本一致的吞吐量，则可以说，他们具有基本相同的平均处理能力。

4．性能计数器

性能计数器（Counter）是描述服务器或操作系统性能的一些数据指标。例如，对 Windows 系统来说，使用内存数（Memory In Usage），进程时间（Total Process Time）等都是常见的计数器。

计数器在性能测试中发挥着"监控和分析"的关键作用，尤其是在分析系统的可扩展性、进行性能瓶颈的定位时，对计数器取值的分析非常关键。但必须说明的是，单一的性能计数器只能体现系统性能的某一个方面，对性能测试结果的分析必须基于多个不同的计数器。

与性能计数器相关的另一个术语是"资源利用率"。该术语是指系统各种资源的使用状况。为了方便比较，一般用"资源的实际使用/总的资源可用量"形成资源利用率的数据，用以进行各种资源使用的比较。

例如，我们会说到，"某某系统在承受 10000 用户的并发访问时，Web 服务器的 CPU 占用率为 68%，平均的内存占用率为 55%"，这其中，68%和 55%就是典型的资源利用率的数值。

在性能测试中对常用资源利用率进行横向的对比，例如，在进行测试时会发现，资源 A 的使用率达到了接近 100%的数值，而其他的资源利用率都处于比较低的水平，则可以很清楚地知道，资源 A 就很有可能是系统的一个性能瓶颈。当然，资源利用率在通常的情况下需要结合响应时间变化曲线、系统负载曲线等各种指标进行分析。

5．思考时间

思考时间（Think Time），也被称为"休眠时间"，从业务的角度来说，这个时间是指用户在进行操作时，每个请求之间的间隔时间。前面已经讨论过，对交互式应用来说，用户在使用系统时，不大可能持续不断地发出请求，更一般的模式应该是用户在发出一个请求后，等待一段时间，再发出下一个请求。

因此，从自动化测试实现的角度来说，要真实地模拟用户操作，就必须在测试脚本中让各个操作之间等待一段时间，体现在脚本中，具体而言，就是在操作之间放置一个 Think 的函数，使得脚本在执行两个操作之间等待一段时间。

在测试脚本中，思考时间体现为脚本中两个请求语句之间的间隔时间。不同的测试工具提供了不同的函数或者方法来实现思考时间。

在实际的测试中，设置多长的思考时间最为合理是许多性能测试工程师关心的问题。其实，思考时间与迭代次数、并发用户数和吞吐量之间存在一定的关系。

公式（5）说明吞吐量是 VU 数量 N_{vu}、每个用户发出请求数 R 和时间 T 的函数，而其中的 R 又可以用时间 T 和用户的思考时间 T_s 来计算：

$$R = \frac{T}{T_s} \tag{6}$$

用公式（5）和公式（6）进行化简运算可得，吞吐量与 N_{vu} 成正比，而与 T_s 成反比。

不少性能测试工程师在实际的应用中都对如何给定合适的思考时间存在疑问，那么，在具体的测试实践中，究竟该怎样选择合适的思考时间呢？下面给出一个计算思考时间的一般步骤：

（1）首先计算出系统的并发用户数；

（2）统计出系统平均的吞吐量；

（3）统计出平均每个用户发出的请求数量；

（4）根据公式（6）计算出思考时间。

当然，为了让性能测试场景更加符合实际情况，可以考虑以步骤（4）计算得出的思考时间为基准，让实际的思考时间在一定幅度内随机变动。LoadRunner 和 Segue Silk Performer 等工具都支持以这种方式设置思考时间。

最后要说明的是"0 思考时间"。有些文章建议在测试中使用"0"作为思考时间，以给系统更大的压力。在本人的实际性能测试过程中，对于交互式的应用系统，很少遇到这样的要求。因为从业务的角度考虑，思考时间用于更真实地模拟用户操作，设置思考时间为 0，基本上不具有实际的业务含义。

但在非交互式应用的性能测试过程中，有时候确实会将思考时间设置为 0，这时候是模拟一种尽可能大的压力，研究系统在巨大压力下的表现。

可以说，如果测试的目的是为了"验证应用系统具有预期的能力"（也就是所说的"能力验证"的应用领域），就应该尽量模拟用户在使用业务时的真实思考时间；如果目的是进行更一般的研究，例如"了解系统在压力下的性能水平"或是"了解系统承受压力的能力"（也就是所说的"规划能力"的应用领域），则可以采用 0 思考时间。

6.2　软件性能测试方法论

"没有规矩，不成方圆"。对性能测试来说，如果没有合适的方法论指导，性能测试很容易成为一种随意的测试行为，而随意进行的性能测试很难取得实际的作用和预期的效果，因此本章将介绍几种常见的性能测试过程和方法。

6.2.1　SEI 负载测试计划过程

SEI 负载测试计划过程（SEI Load Testing Planning Process）是一个关注于负载测试计划的方法，其目标是产生"清晰、易理解、可验证的负载测试计划"。SEI 负载测试计划过程包括 6

个关注的区域（Area）：目标、用户、用例、生产环境、测试环境和测试场景。

SEI 负载测试计划过程将以上述 6 个区域作为负载测试计划需要重点关注和考虑的内容，其重点关注以下几个方面的内容：

（1）生产环境与测试环境的不同：由于负载测试环境与实际的生产环境存在一定的差异，因此，在测试环境上对应用系统进行的负载测试结果很可能不能准确反映该应用系统在生产环境的性能表现，为了规避这个风险，必须仔细设计测试环境。

（2）用户分析：用户是对被测应用系统性能表现最关注和受影响最大的对象，因此，必须通过对用户行为进行分析，依据用户行为模型建立用例和场景。

（3）用例：用例是用户使用某种顺序和操作方式对业务过程进行实现的过程，对负载测试来说，用例的作用主要在于分析和分解出关键的业务，判断每个业务发生的频度、业务出现性能问题的风险等。

从 SEI 负载测试计划过程的描述中可以看到，SEI 负载测试计划过程给出了负载测试需要关注的重点区域，但严格来说，其并不能被称为具体的方法论，因为其仅给出了对测试计划过程的一些关注内容，而没有能够形成实际的可操作的过程。

同功能测试一样，性能测试也必须经历测试需求、测试设计、测试执行、测试分析等阶段，但由于性能测试自身的特殊性（例如，需要引入工具，分析阶段相对重要），性能测试过程又不能完全套用功能测试过程。

SEI 负载测试计划过程在负载测试需要关注的具体内容上提供了参考，但其并不是一个完整的测试过程。

6.2.2 RBI 方法

RBI（Rapid Bottleneck Identify）方法是 Empirix 公司提出的一种用于快速识别系统性能瓶颈的方法。该方法基于以下一些事实：

（1）发现的 80% 系统的性能瓶颈都由吞吐量制约；

（2）并发用户数和吞吐量瓶颈之间存在一定的关联；

（3）采用吞吐量测试可以更加快速定位问题。

RBI 方法首先访问服务器上的"小页面"和"简单应用"，从应用服务器、网络等基础的层次上了解系统吞吐量表现；其次选择不同的场景，设定不同的并发用户数，使其吞吐量保持基本一致的增长趋势，通过不断增加并发用户数和吞吐量，观察系统的性能表现。

在确定具体的性能瓶颈时，RBI 将性能瓶颈的定位按照一种"自上而下"的分析方式进行分析，首先确定是由并发还是由吞吐量引发的性能表现限制，然后从网络、数据库、应用服务器和代码本身 4 个环节确定系统性能具体的瓶颈。

RBI 方法在性能瓶颈的定位过程中能发挥良好的作用，其对性能分析和瓶颈定位的方法值得借鉴，但其也不是完整的性能测试过程。

6.2.3 性能下降曲线分析法

性能下降曲线实际上描述的是性能随用户数增长而出现下降趋势的曲线。而这里所说的"性能"可以是响应时间，也可以是吞吐量或是单击数/秒的数据。当然，一般来说，"性能"主要是指响应时间。

图 6-6 给出了一个"响应时间下降曲线"的示例。

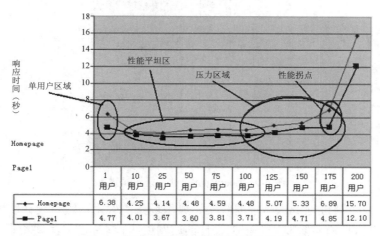

图 6-6　典型的响应时间性能下降曲线示例

从图 6-6 可以看到，一条曲线可以分为以下几个部分：

（1）单用户区域：对系统的一个单用户的响应时间。这对建立性能的参考值很有作用。

（2）性能平坦区：在不进行更多性能调优情况下所能期望达到的最佳性能。这个区域可被用作基线或是 benchmark。

（3）压力区域：性能"轻微下降"的地方。压力区域的开始处就是系统最大的建议用户负载量。

（4）性能拐点：性能开始"急剧下降"的点。

这几个区域实际上明确标识了系统性能最优秀的区间，系统性能开始变坏的区间，以及系统性能出现急剧下降的点。对性能测试来说，找到这些区间和拐点，也就可以找到性能瓶颈产生的地方。

因此，对性能下降曲线分析法来说，主要关注的是性能下降曲线上的各个区间和相应的拐点，通过识别不同的区间和拐点，从而为性能瓶颈识别和性能调优提供依据。

6.2.4 LoadRunner 的性能测试过程

图 6-7 给出了 LoadRunner 的性能测试过程。LoadRunner 将性能测试过程分为计划测试、测试设计、创建 VU 脚本、创建测试场景、运行测试场景和分析结果 6 个步骤。

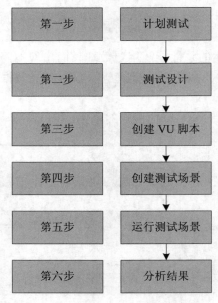

图 6-7　LoadRunner 的性能测试过程

计划测试阶段主要进行测试需求的收集、典型场景的确定；测试设计阶段主要进行测试用例的设计；创建 VU 脚本阶段主要根据设计的用例创建脚本；创建测试场景阶段主要进行测试场景的设计和设置，包括监控指标的设定；运行测试场景阶段对已创建的测试场景进行执行，收集相应数据；分析结果阶段主要进行结果分析和报告工作。

LoadRunner 提供的这个性能测试过程已经涵盖了性能测试工作的大部分内容，但由于该过程过于紧密地与 LoadRunner 工具集成，没有兼顾使用其他工具，或是用户自行设计工具的需求，也不能被称为是一个普适性的测试过程。

另外，LoadRunner 提供的该性能测试过程并未对计划测试阶段、测试设计阶段的具体行为、方法和目的进行详细描述，因此该方法最多只能被称为"使用 LoadRunner 进行测试的过程"，而不是一个适应性广泛的性能测试过程。

6.2.5　Segue 提供的性能测试过程

图 6-8 给出了 Segue 公司 Silk Performer 提供的性能测试过程。该性能测试过程与参考文献[10]描述的 Performance Testing Lifecycle 一致，是一个不断 try-check 的过程。

Silk Performer 提供的性能测试过程从确定性能基线开始，通过单用户对应用的访问获取性能取值的基线，然后设定可接受的性能目标（响应时间），用不同的并发用户数等重复进行测试。

Segue 提供的这种性能测试方法非常适合性能调优和性能优化，通过不断重复的 try-check 过程，可以逐一找到可能导致性能瓶颈的地方并对其进行优化。

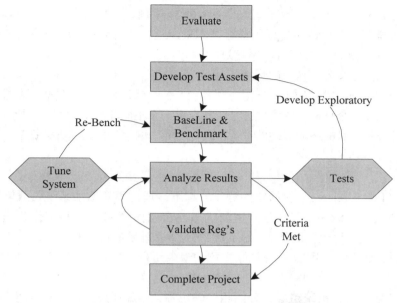

图 6-8　Segue Silk Performer 提供的性能测试过程

　　但 Segue 提供的性能测试过程模型存在与 LoadRunner 的性能测试过程同样的问题，就是过于依赖工具自身，另外，该过程模型缺乏对计划、设计的阶段的明确划分，也没有给出具体的活动和目标。

6.3　性能测试的方法

　　性能测试的方法比较多，本书采用的是一种大范围的性能测试概念，根据这个概念的界定，性能测试包括以下方法。

6.3.1　性能测试

　　性能测试（Performance Testing）方法是通过模拟生产运行的业务压力量和使用场景组合，测试系统的性能是否满足生产性能要求。Performance Testing 是一种最常见的测试方法，通俗地说，这种测试方法就是要在特定的运行条件下验证系统的能力状况。这种方法的特点有：

　　（1）这种方法的主要目的是验证系统是否有系统宣称具有的能力。

　　Performance Testing 方法包括确定用户场景、给出需要关注的性能指标、测试执行和测试分析这几个步骤，这是一种完全确定了系统运行环境和测试行为的测试方法，其目的只能是依据事先的性能规划，验证系统有没有达到其宣称具有的能力。

　　（2）这种方法需要事先了解被测试系统典型场景，并具有确定的性能目标。

　　Performance Testing 方法需要首先了解被测试系统的典型场景，所谓的典型场景。就是指具有代表性的用户业务操作，一个典型场景包括操作序列、并发用户数量条件。其次，这种方法需要确定的性能目标，对性能目标的描述基本采用这样的方式：要求系统在 100 个并发用户的条件下进行某业务操作，响应时间不超过 5 秒。

（3）这种方法要求在已确定的环境下运行。

Performance Testing 方法的运行环境必须是确定的。软件系统的性能表现与非常多的因素相关，无法根据系统在一个环境中的表现去推断其在另一个不同环境中的表现，因此对这种验证性的测试，必须要求测试时的环境（硬件设备、软件环境、网络条件、基础数据等）都已经确定。

6.3.2　负载测试

负载测试（Load Testing）在给定的测试环境下，通过逐步增加系统负载，直到性能指标超过预定指标或某种资源使用已经达到饱和状态,从而确定系统在各种工作负载下性能容量和处理能力，以及持续正常运行的能力，确定系统所能够承受的最大负载量。负载测试的主要用途是发现系统性能的拐点，寻找系统能够支持的最大用户、业务等处理能力的约束，为组合系统调优提供数据。

当负载逐渐增加时，系统组成部分的相应输出项，例如通过量、响应时间、CPU 负载、内存使用等决定系统的性能。负载测试是一个分析软件应用程序和支撑架构、模拟真实的使用，从而来确定能够接收点的性能过程。

负载测试是指最常见的验证一般性能需求而进行的性能测试，上面提到了用户最常见的性能需求就是"既要马儿跑，又要马儿少吃草"。因此负载测试主要是考察软件系统在既定负载下的性能表现。我们对负载测试可以有如下理解：

（1）负载测试是站在用户的角度去观察在一定条件下软件系统的性能表现。

（2）负载测试的预期结果是用户的性能需求得到满足。此指标一般体现为响应时间、交易容量、并发容量、资源使用率等。

6.3.3　压力测试

压力测试（Stress Testing）是为了考察系统在极端条件下的表现，极端条件可以是超负荷的交易量和并发用户数。注意，这个极端条件并不一定是用户的性能需求，可能要远远高于用户的性能需求。可以这样理解，压力测试和负载测试不同的是，压力测试的预期结果就是系统出现问题，而我们要考察的是系统处理问题的方式。比如说，我们期待一个系统在面临压力的情况下能够保持稳定，处理速度可以变慢，但不能系统崩溃。因此，压力测试能让我们识别系统的弱点和在极限负载下程序将如何运行。

负载测试关心的是用户规则和需求，压力测试关心的是软件系统本身。对于它们的区别，我们可以用华山论剑的例子来更加形象地进行描述。如果把郭靖看作被测试对象，那么压力测试就像是郭靖和已经走火入魔的欧阳峰过招，欧阳锋蛮打乱来，毫无套路，尽可能地去打倒对方。郭靖要能应付，并且不能丢进小命。而常规性能测试就好比郭靖和黄药师、洪七公三人约定，只要郭靖能分别接两位高手一百招，郭靖就算胜，至于三百招后哪怕郭靖会输那也不用管了，他只要能做到接下一百招，就算通过。

6.3.4　并发测试

并发测试（Concurrency Testing）方法通过模拟用户的并发访问，测试多用户并发访问同一个应用、同一模块或者数据记录时是否存在死锁或者其他性能问题。

并发性能测试的过程是一个负载测试和压力测试的过程，即逐渐增加负载，直到系统的瓶颈或者不能接收的性能点，通过综合分析交易执行指标和资源监控指标来确定系统并发性能的过程。该方法的目的在于寻找到瓶颈问题，主要体现为三点：

（1）以真实的业务为依据，选择有代表性的、关键的业务操作设计测试案例，以评价系统当前性能。

（2）当扩展应用程序的功能或者新的应用程序将要被部署时，负载测试会帮助确定系统是否还能够处理期望的用户负载，以预测系统的未来性能。

（3）通过模拟成百上千个用户，重复执行和运行测试，可以确认性能瓶颈并优化和调整应用。

6.4　性能测试工具

6.4.1　性能测试工具介绍

目前市场上的性能测试的工具种类很多，可以简单地划分为以下几种：负载压力测试工具、资源监控工具、故障定位工具以及调优工具。

1．主流负载性能测试工具

负载性能测试工具的原理通常是通过录制、回放脚本、模拟多用户同时访问被测试系统，制造负载，产生并记录各种性能指标，生成分析结果，从而完成性能测试的任务。

主流的负载性能测试工具有：

（1）LoadRunner：LoadRunner 是一种预测系统行为和性能的工业标准级负载测试工具。通过以模拟上千万用户实施并发负载及实时性能监测的方式来确认和查找问题，LoadRunner 能够对整个企业架构进行测试。通过使用 LoadRunner，企业能最大限度地缩短测试时间，优化性能和加速应用系统的发布周期。目前企业的网络应用环境都必须支持大量用户，网络体系架构中含各类应用环境且由不同供应商提供软件和硬件产品。难以预知的用户负载和愈来愈复杂的应用环境使公司时时担心会发生用户响应速度过慢、系统崩溃等问题。这些都不可避免地导致公司收益的损失。Mercury Interactive 的 LoadRunner 能让企业保护自己的收入来源，无需购置额外硬件而最大限度地利用现有的 IT 资源，并确保终端用户在应用系统的各个环节中对其测试应用的质量、可靠性和可扩展性都有良好的评价。LoadRunner 是一种适用于各种体系架构的自动负载测试工具，它能预测系统行为并优化系统性能。LoadRunner 的测试对象是整个企业的系统，它通过模拟实际用户的操作行为和实行实时性能监测，来帮助您更快地查找和发现问题。此外，LoadRunner 能支持广范的协议和技术，为特殊环境提供特殊的解决方案。

（2）QALoad：Compuware 公司的 QALoad 是客户/服务器系统、企业资源配置（ERP）和电子商务应用的自动化负载测试工具。QALoad 是 QACenter 性能版的一部分，它通过可重复的、真实的测试能够彻底地度量应用的可扩展性和性能。QACenter 汇集完整的跨企业的自动测试产品，专为提高软件质量而设计。QACenter 可以在整个开发生命周期跨越多种平台自动执行测试任务。

（3）SilkPerformer：一种在工业领域最高级的企业级负载测试工具。它可以模仿成千上万的用户在多协议和多计算的环境下工作。不管企业电子商务应用的规模大小及其复杂性，通过 SilkPerformer，均可以在部署前预测它的性能。可视的用户化界面、实时的性能监控和强大的管理报告可以帮助我们迅速地解决问题，例如缩短产品投入市场的时间，通过最小的测试周期保证系统的可靠性，优化性能和确保应用的可扩充性。

（4）WebRunner：是 RadView 公司推出的一个性能测试和分析工具，它让 Web 应用程序开发者自动执行压力测试；Webload 通过模拟真实用户的操作，生成压力负载来测试 Web 的性能，用户创建的是基于 JavaScript 的测试脚本，称为议程 agenda，用它来模拟客户的行为，通过执行该脚本来衡量 Web 应用程序在真实环境下的性能。

还有一些免费测试工具，如以下两个：

（1）OpenSTA：开源项目，功能强大，自定义功能设置完备，但设置需通过 Script 来完成，必须学习 Script 编写。

（2）WAS（Web Application Stress Tool）：微软的工具，输出结果为纯文本。

2. 资源监控工具

资源监控作为系统压力测试过程中的一个重要环节，在相关的测试工具中基本上都有很多的集成。只是不同的工具之间，监控的中间件、数据库、主机平台的能力以及方式各有差异。而这些监控工具更大程度上都依赖于被监控平台自身的数据采集能力，目前的绝大多数的监控工具基本上是直接从中间件、数据库以及主机自身提供的性能数据采集接口获取性能指标。

首先，不同的应用平台有自身的监控命令以及控制界面。比如 UNIX 主机用户可以直接使用 topas、vmstat、iostat 了解系统自身的健康工作状况。另外，WebLogic 以及 WebSphere 平台都有自身的监控台，在上面可以了解到目前的 JVM 的大小、数据库连接池的使用情况以及目前连接的客户端数量以及请求状况等。只是这些监控方式的使用对测试人员有一定的技术储备要求，需要自己熟练掌握以上监控方式的使用。

第三方的监控工具相应的对一些系统平台的监控进行了集成。如 LoadRunner 对目前常用的一些业务系统平台环境都提供了相应的监控入口，从而可以在并发测试的同时，对业务系统所处的测试环境进行监控，从而更好地分析测试数据。

但 LoadRunner 工具提供的监控方式还不是很直观，一些更直观的测试工具能在监控的同时提供相关的报警信息，类似的监控产品如 Quest 公司提供的一整套监控解决方案包括了主机的监控、中间件平台的监控以及数据库平台的监控。Quest 系列监控产品提供了直观的图形化界面，能让测试者尽快进入监控的角色。

3．故障定位工具以及调优工具

随着技术的不断发展以及测试需求的不断提升，故障定位工具应运而生，它能更精细的对负载压力测试中暴露的问题进行故障根源分析。在目前的主流测试工具厂商中，都相应地提供了对应的产品支持。尤其是目前.NET 以及 J2EE 架构的流行，测试工具厂商纷纷在这些领域提供了相关的技术产品，比如：LoadRunner 模块中添加的诊断以及调优模块、Quest 公司的 PerformaSure、Compuware 的 Vantage 套件以及 CA 公司收购的 Wily 的 Introscope 工具等，都在更深层次上对业务流的调用进行追踪。这些工具在中间件平台上引入探针技术，能捕获后台业务内部的调用关系，发现问题所在，为应用系统的调优提供直接的参考指南。

在数据库产品的故障定位分析上，Oracle 自身提供了强大的诊断模块，同时，Quest 公司的数据库产品也在数据库设计、开发以及上线运行维护方面提供了全套的产品支持。

6.4.2　使用 LoadRunner 进行性能测试

1．使用 LoadRunner 进行测试的基本步骤

使用 LoadRunner 进行测试的四个步骤为：

（1）Vitual User Generator 创建脚本。

● 创建脚本，选择协议。

● 录制脚本。

● 编辑脚本。

● 检查修改脚本是否有误。

（2）中央控制器（Controller）调度虚拟用户完善脚本。

● 创建 Scenario，选择脚本。

● 设置机器虚拟用户数。

● 设置 Schedule。

● 如果模拟多机测试，设置 Ip Spoofer。

（3）运行脚本。

分析 scenario。

（4）分析测试结果。

2．项目背景介绍

（1）背景概述。

"LMS 网校考试平台"是一个典型的三层 B/S 架构的 MIS 系统（客户端/应用服务器/数据库管），中间层是业务逻辑层，应用服务器处理所有的业务逻辑，但应用服务器本身不提供负载均衡的能力，而是利用开发工具提供的 ORB（对象请求代理）软件保证多个应用服务器

6
Chapter

165

间的负载均衡。本次测试的目的是：进行应用服务器的压力测试，找出应用服务器能够支持的最大客户端数。方法是：按照正常业务压力估算值的 1～10 倍进行测试，考察应用服务器的运行情况。

（2）压力测试用例。

场景描述一：

- 用户登录的 lmm 模块，总共登录 24 个用户，所有用户同时并发操作。
- 用户单击"登记的教程"按钮。
- 用户单击"启动"按钮，进行课程学习，进入 DS 模块。
- 在 DS 模块中进行学习，过程包括：首先，单击一次课程结构树；然后，进行课程内容的学习。
- 单击"返回 LMS"按钮，返回到 lmm 模块，单击"退出"按钮，退出系统。

场景描述二：

- 用户登录的 lmm 模块，总共登录 48 个用户，每秒钟登录 1 个用户。
- 用户单击"已登记教程"按钮。
- 用户单击"启动"按钮，进行课程学习，进入 DS 模块。
- 在 DS 模块中进行学习，过程包括：首先，单击一次课程结构树；然后，进行课程内容的学习。
- 单击"返回 LMS"按钮，返回到 lmm 模块，单击"退出"按钮，退出系统。

场景描述三：

- 用户登录的 lmm 模块，总共登录 48 个用户，所有用户同时并发操作。
- 用户单击"登记的教程"按钮。
- 用户单击"启动"按钮，进行课程学习，进入 DS 模块。
- 在 DS 模块中进行学习，过程包括：首先，单击一次课程结构树；然后，进行课程内容的学习。
- 单击"返回 LMS"按钮，返回到 lmm 模块，单击"退出"按钮，退出系统。

场景描述四：

- 用户登录的 lmm 模块，总共登录 48 个用户，每秒钟同时登录 10 个用户。
- 用户单击"登记的教程"按钮。
- 用户单击"启动"按钮，进行课程学习，进入 DS 模块。
- 在 DS 模块中进行学习，过程包括：首先，单击一次课程结构树；然后，进行课程内容的学习。
- 单击"返回 LMS"按钮，返回到 lmm 模块，单击"退出"按钮，退出系统。

场景描述五：

- 用户登录的 lmm 模块，总共登录 100 个用户，所有用户同时并发操作。
- 用户单击"登记的教程"按钮。

- 用户单击"启动"按钮，进行课程学习，进入 DS 模块。
- 在 DS 模块中进行学习，过程包括：首先，单击一次课程结构树；然后，进行课程内容的学习。
- 单击"返回 LMS"按钮，返回到 lmm 模块。

场景描述六：

- 用户登录的 lmm 模块，总共登录 200 个用户，所有用户同时并发操作。
- 用户单击"登记的教程"按钮。
- 用户单击"启动"按钮，进行课程学习，进入 DS 模块。
- 在 DS 模块中进行学习，过程包括：首先，单击一次课程结构树；然后，进行课程内容的学习。
- 单击"返回 LMS"按钮，返回到 lmm 模块，单击"退出"按钮，退出系统。

场景描述七：

- 用户登录的 lmm 模块，总共登录 24 个用户，所有用户同时并发操作。
- 用户单击"登记的教程"中的 test 课件。
- 用户使用自发测试工具，目的为测试 24 个用户同时打开课件时服务器的性能。

场景描述八：

- 用户登录的 lmm 模块，总共登录 60 个用户，所有用户同时并发操作。
- 用户单击"登记的教程"中的 test 课件。
- 用户使用自发测试工具，目的为测试 60 个用户同时打开课件时服务器的性能。

3. 使用 LoadRunner 进行负载/压力测试

（1）录制基本的用户脚本。

创建用户脚本需要用到 VuGen（Visual User Generator）。提示：运行 VuGen 最好采用 1024×768 的分辨率，否则有些工具栏会看不到。启动 VuGen 后，通过菜单新建一个用户脚本，选择系统通信协议。

这里我们需要测试的是 Web 应用，同时考虑到后台 SQL 数据库，所以需要选择 Web（HTTP/HTML）协议＋SQL Server 协议，如图 6-9 所示，确定后，进入主窗体。通过菜单来启动录制脚本的命令。

1）在 URL 中填入要测试的 Web 站点地址。

2）测试 http://lms.ah.sp.com.cn/lms-lmm/loginForm.do，选择要把录制的脚本放到哪一个部分，默认情况下是 Action，如图 6-10 所示。

这里简单说明一下：VuGen 中的脚本分为三部分：vuser_init、vuser_end 和 Action。其中 vuser_init 和 vuser_end 都只能存在一个，不能再分割，而 Action 还可以分成无数多个部分（通过单击 New 按钮，新建 ActionXXX）。在录制需要登录的系统时，我们把登录部分放到 vuser_init 中，把登录后的操作部分放到 Action 中，把注销关闭登录部分放到 vuser_end 中（如果需要在登录操作设集合点，那么登录操作也要放到 Action 中，因为 vuser_init 中不能添加集合点）。

在其他情况下，我们只要把操作部分放到 Action 中即可。注意：在重复执行测试脚本时，vuser_init 和 vuser_end 中的内容只会执行一次，重复执行的只是 Action 中的部分。

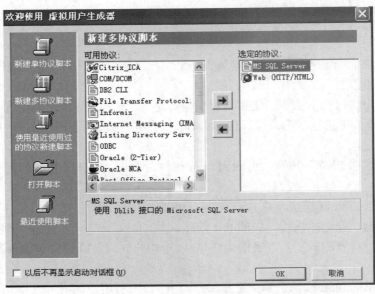

图 6-9　新建一个用户脚本

图 6-10　录制脚本

3）单击"选项"按钮，进入录制的设置窗体，一般情况下不需要改动。

4）然后单击 OK 按钮，VuGen 开始录制脚本。在录制过程中，不要使用浏览器的"后退"功能，LoadRunner 支持得不太好。在录制过程中，屏幕上会出现一个工具栏。录制的过程和 WinRunner 有些类似，不再多做介绍。录制完成后，单击"结束录制"按钮，VuGen 自动生成用户脚本，退出录制过程。

（2）完善测试脚本。

当录制完成一个基本的用户脚本后，在正式使用前还需要完善测试脚本，增强脚本的灵活性。一般情况下，通过以下几种方法来完善测试脚本：插入事务、插入结合点、插入注解、参数化输入。这里只举例介绍参数化如何设置，其他只作简单介绍。

1）插入事务。事务（Transaction）：为了衡量服务器的性能，我们需要定义事务。例如：我们在脚本中有一个数据查询操作，为了衡量服务器执行查询操作的性能，我们把这个操作定义为一个事务，这样在运行测试脚本时，LoadRunner 运行到该事务的开始点时，就会开始计时，直到运行到该事务的结束点，计时结束。这个事务的运行时间在结果中会有反映。

插入事务操作可以在录制过程中进行，也可以在录制结束后进行。LoadRunner 运行在脚本中插入不限数量的事务。

具体的操作方法如下：在需要定义事务的操作前面，通过菜单或者工具栏插入。输入该事务的名称。注意：事务的名称最好要有意义，能够清楚地说明该事务完成的动作。插入事务的开始点后，下面需要在需要定义事务的操作后插入事务的"结束点"。同样可以通过菜单或者工具栏插入。默认情况下，事务的名称列出最近的一个事务名称。一般情况下，事务名称不用修改。事务的状态默认情况下是 LR_AUTO。一般情况下，我们也不需要修改，除非在手工编写代码时，有可能需要手动设置事务的状态。

2）插入集合点。插入集合点是为了衡量在加重负载的情况下服务器的性能情况。在测试计划中，可能会要求系统能够承受 1000 人同时提交数据，在 LoadRunner 中可以通过在提交数据操作前面加入集合点，这样当虚拟用户运行到提交数据的集合点时，LoadRunner 就会检查同时有多少用户运行到集合点，如果不到 1000 人，LoadRunner 就会命令已经到集合点的用户在此等待，当在集合点等待的用户达到 1000 人时，LoadRunner 命令 1000 人同时去提交数据，从而达到测试计划中的需求。

注意：集合点经常和事务结合起来使用。集合点只能插入到 Action 部分，vuser_init 和 vuser_end 中不能插入集合点。具体的操作方法如下：在需要插入集合点的前面，通过菜单或者工具栏操作输入该集合点的名称。注意：集合点的名称最好要有意义，能够清楚地说明该集合点完成的动作。

3）插入注释。注释的作用不必多说，不过最好在录制过程中插入注释。具体的操作方法如下：在需要插入注释的前面，通过菜单或者工具栏进行操作。

4）参数化输入。如果用户在录制脚本过程中，填写并提交了一些数据，如要增加数据库记录。这些操作都被记录到脚本中。当多个虚拟用户运行脚本时，都会提交相同的记录，这样不符合实际的运行情况，而且有可能引起冲突。为了更加真实的模拟实际环境，需要各种各样的输入。参数化输入是一种不错的方法。

用参数表示用户的脚本有两个优点：

① 可以使脚本的长度变短。

② 可以使用不同的数值来测试脚本。例如，如果你企图搜索不同名称的图书，仅需要写一次提交函数。在回放的过程中，可以使用不同的参数值，而不只搜索一个特定名称的值。

参数化包含以下两项任务：

① 在脚本中用参数取代常量值。

② 设置参数的属性以及数据源。

参数化仅可以用于一个函数中的参量，不能用参数表示非函数参数的字符串。另外，不是所有的函数都可以参数化。

我们通用一个例子来讲解参数化输入。

在本例中我们参数化用户的登录名，通过脚本录制找到用户登录部分，如图 6-11 所示。

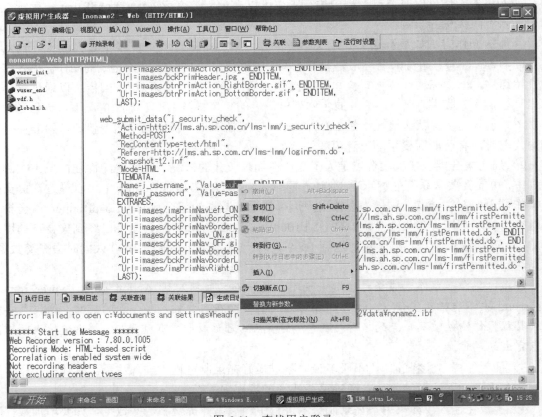

图 6-11　查找用户登录

框选登录名右击，弹出对话框，单击"替换为新参数"按钮，弹出"选择或创建参数"对话框，如图 6-12 所示，参数名随意取，建议取通俗易懂的名字，下面我们重点介绍一下参数的类型。

- DateTime：很简单，在需要输入日期/时间的地方，可以用 DateTime 类型来替代。其属性设置也很简单，选择一种格式即可。当然也可以定制格式。

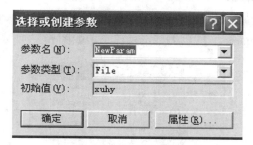

图6-12　替换新用户

- Group Name：暂时不知道何处能用到，但设置比较简单。在实际运行中，LoadRunner 使用该虚拟用户所在的 Vuser Group 来代替。但是在 VuGen 中运行时，Group Name 将会是 None。
- Load Generator Name：在实际运行中，LoadRunner 使用该虚拟用户所在 Load Generator 的机器名来代替。
- Iteration Number：在实际运行中，LoadRunner 使用该测试脚本当前循环的次数来代替。
- Random Number：随机数。在属性设置中可以设置产生随机数的范围。
- Unique Number：唯一的数。在属性设置中可以设置第一个数以及递增数的大小。

注意：使用该参数类型必须注意可以接受的最大数。例如：某个文本框能接受的最大数为 99。当使用该参数类型时，设置第一个数为 1，递增的数为 1，但 100 个虚拟用户同时运行时，第 100 个虚拟用户输入的将是 100，这样脚本运行将会出错。

另外，这里说的递增是各个用户取第一个值的递增数，每个用户相邻的两次循环之间的差值为 1。举例说明：假如起始数为 1，递增 5，那么第一个用户第一次循环取值 1，第二次循环取值 2；第二个用户第一次循环取值为 6，第二次为 7；依次类推。

- Vuser ID：设置比较简单。在实际运行中，LoadRunner 使用该虚拟用户的 ID 来代替，该 ID 是由 Controller 来控制的。但是在 VuGen 中运行时，Vuser ID 将会是-1。
- File：需要在属性设置中编辑文件，添加内容，也可以从现成的数据库中取数据（下面我们将会介绍）。
- User Defined Function：从用户开发的 dll 文件提取数据。就目前来看，这种方式没有必要。VuGen 支持 C 语言的语法，在 VuGen 中重新编写类似的函数应该不难。

上面的例子中，我们取随机数即可。单击"属性"按钮，进入属性设置对话框，填入随机数的取值范围为 1～50，选择一种数据格式。在"属性"中有以下几个选项：

- Each Occurrence：在运行时，每遇到一次该参数，便会取一个新的值。
- Each iteration：运行时，在每一次循环中都取相同的值。
- Once：运行时，在每次循环中，该参数只取一次值。

这里使用的是随机数，选择 Each Occurrence 非常合适。

下面再介绍用数据库中的用户名来参数化登录用户名。

框选登录名右击，弹出对话框，选择"替换为新参数"按钮，弹出"选择或创建参数"对话框，此时输入参数名 name，参数类型选择 File，如图 6-13 所示。

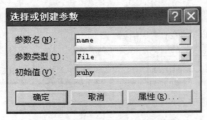

图 6-13　参数化登录用户名

单击"属性"按钮，出现如图 6-14 所示对话框。

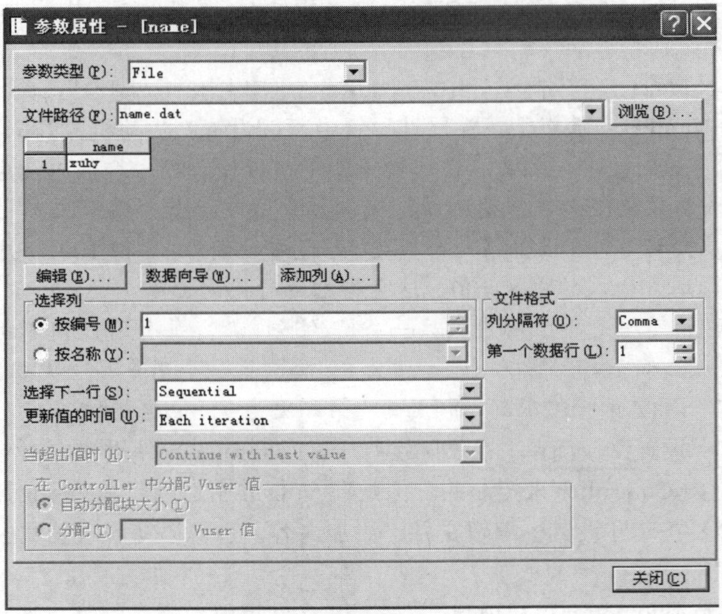

图 6-14　参数设置对话框

注意：参数的文件名不要使用 con.dat、pm.dat 或者 lpt*.dat 等系统装置名。下面我们将会连接数据库，从数据表中选择用户名。单击"数据向导"按钮，显示如图 6-15 所示的"数据查询向导"对话框。

在"查询定义"区域中选择"使用手动指定 SQL 语句"单选按钮，单击"下一步"按钮，出现如图 6-16 所示界面。

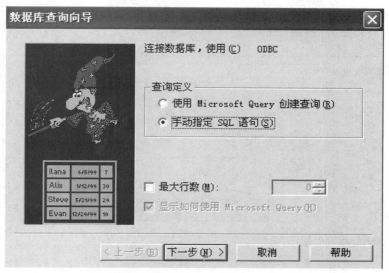

图 6-15　"数据库查询向导"对话框

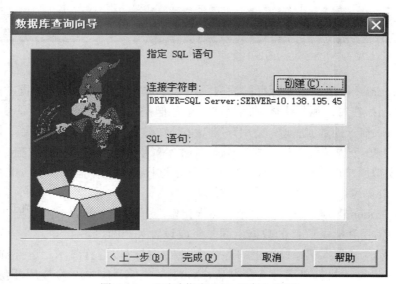

图 6-16　"手动指定 SQL 语句"界面

　　添入连接字符串，单击"创建"按钮，选择事先配置好的 ODBC 连接。在"SQL 语句"文本框中输入 select 查询语句，出现如图 6-17 所示的"参数属性"对话框。

　　提醒：在参数数据显示区，最多只能看到 100 行，如果数据超过 100 行，只能单击"编辑"按钮，进入"记事本"查看。"选择下一行"有以下几种选择：

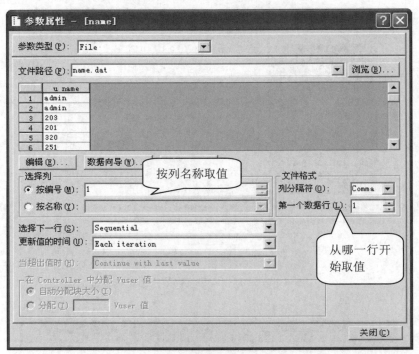

图 6-17　"参数属性"对话框

- Sequential：按照顺序一行行的读取。每一个虚拟用户都会按照相同的顺序读取。
- Random：在每次循环中随机的读取一个，但是在循环中一直保持不变。
- Unique：唯一的数。注意：使用该类型必须注意数据表有足够多的数。比如 Controller 中设定 20 个虚拟用户进行 5 次循环，那么编号为 1 的虚拟用户取前 5 个数，编号为 2 的虚拟用户取 6~10 的数，依次类推，这样数据表中至少要有 100 个数据，否则 Controller 运行过程中会返回一个错误。

这里选择 Sequential 选项。"按编号"用于指定选择列表中的哪一列数据，从左到右分别是 1、2、3，通常用在有关联性的数据上面。完成设置关闭即可。

5）单机运行测试脚本。经过以上的各个步骤后，就可以运行脚本。运行脚本可以通过菜单或者工具栏来操作。执行"运行"命令后，VuGen 先编译脚本，检查是否有语法等错误。如果有错误，VuGen 将会提示错误。双击错误提示，VuGen 能够定位到出现错误的那一行。为了验证脚本的正确性，我们还可以调试脚本，例如在脚本中加断点等，操作和在 VC 中完全一样，相信大家都不会感到陌生。如果编译通过，就会开始运行，然后会出现运行结果。

（3）实施测试。

1）选择脚本，创建虚拟用户启用 Controller，弹出如图 6-18 所示"新建方案"对话框。

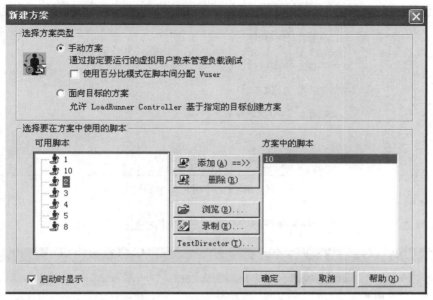

图 6-18   "新建方案"对话框

选择刚才录制并保存好的脚本，添加到方案中，单击"确定"按钮，出现如图 6-19 所示界面。

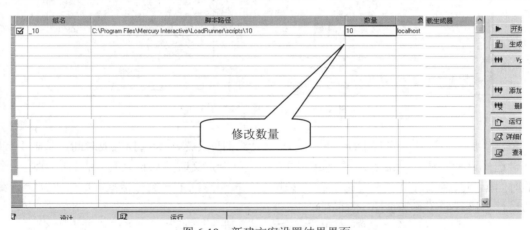

图 6-19   新建方案设置结果界面

根据需要修改虚拟用户数量，这里取"100"。根据实现场景设计，可以取不同数字。

单击"编辑计划"细化方案如图 6-20 所示，在"计划名"中选择计划种类：加压、缓慢加压、默认计划或新建立计划。

● 默认计划：同时加载所有 Vuser，直到完成。

● 加压：每 15 秒钟启动 2 个 Vuser，持续时间为 5 分钟。

● 缓慢加压：每 2 分钟启动 2 个 Vuser，持续时间为 10 分钟。

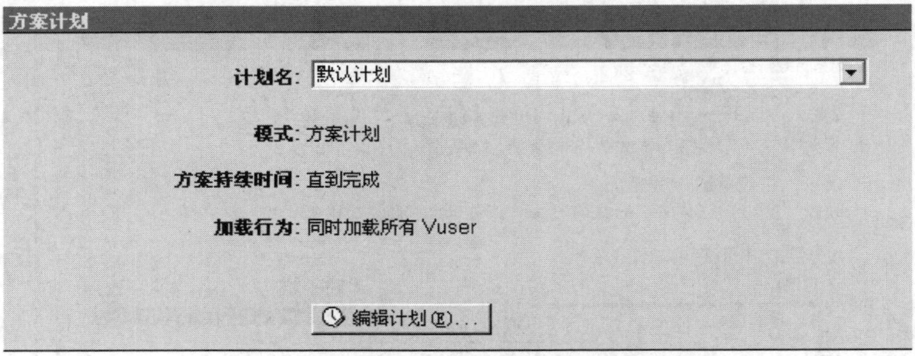

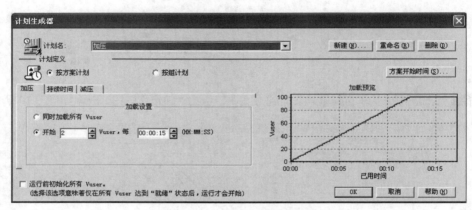

图 6-20　修改虚拟用户数量窗口

这里选择"加压"选项，出现如图 6-21 所示的"计划生成器"对话框。

图 6-21　"计划生成器"对话框

单击"加压"选项卡设置加压方法，单击"持续时间"选项卡选择完成时间，单击"减压"选项卡选择退出方法，单击"方案开始时间"按钮可以定义时间后自动到点执行，并在一个限定的时间范围内结束，所有设置完毕后，单击 OK 按钮返回上一级对话框，单击"开始方案"启动运行，出现如图 6-22 所示运行界面。

2）添加 Windows 资源监视界面。LoadRunner 默认的性能监视界面有四个，分别是"运行 Vuser"、"事务响应时间"、"每秒单击次数"，最后一个可以根据用户自己的需要选择显示什么界面。打开"可用图"中的目录树，选择"系统资源"→"Windows 资源"双击，则 Windows 资源监视界面便自动替换原界面。当然 LoadRunner 也可以同时显示 1～16 个界面，方法是右击，在弹出的快捷菜单中选择"查看图"选择显示的图数，也可以自定义数字。

3）添加 Windows 性能计数器。选择 Windows 资源监视界面，右击弹出快捷菜单，选择 ADD Measurements，弹出如图 6-23 所示的"Windows 资源"对话框。

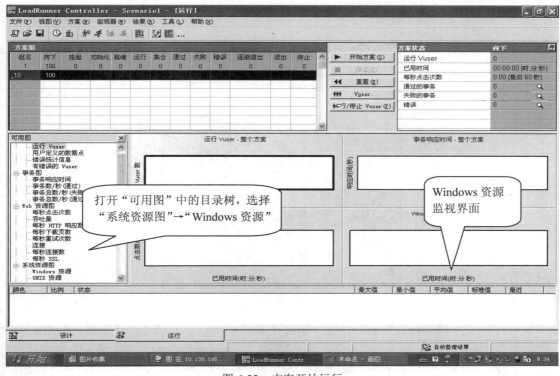

图 6-22　方案开始运行

图 6-23　"Windows 资源"对话框

单击"添加"按钮，输入监视的服务器 IP 地址，单击"确定"按钮，如图 6-24 所示。

图 6-24　添加监视 IP

如果可以正常联机到服务器，则在"资源度量"位于中会显示全部计数器，此时如果单击"确定"按钮，则系统默认全部选中，在监视界面中会显示所有的性能曲线，无法单独过滤显示某条曲线，如果选中某个计数器后单击"添加"按钮，则弹出该项目下的其他性能指标，选择需要的计数器后单击"添加"按钮，如图 6-25 所示。

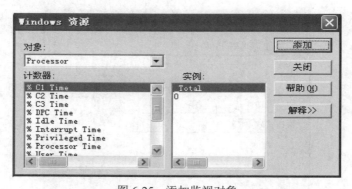

图 6-25　添加监视对象

此时要注意，登录客户端（也就是装有 LoadRunner 的机器）的用户应该是管理员身份，同时还要保证该用户在被监视的服务器上也是管理员身份。这样选择后，虽然监视界面中仍会显示所有性能曲线，但是可以在右击弹出的快捷菜单中，选中指定的某条曲线单独显示。方法是双击监视界面放大显示，然后右击选择"仅显示指定图"选项。监视界面还可以进行互相叠加等操作，功能强大，通过右击弹出的快捷菜单选择相应选项可以进行复杂的显示操作。常用的还有 Web 程序服务器图、数据库服务器资源图等，添加方法雷同。

4）执行脚本。设置完毕后，那就简单了，单击"开始方案"按钮注意观察，如图 6-26 所示。

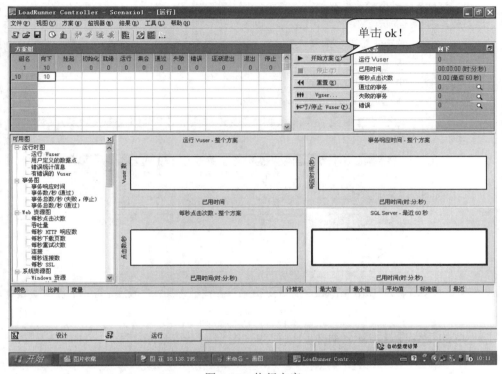

图 6-26　执行方案

（4）分析结果。

脚本执行完毕后，LoadRunner 会自动分析结果，生成分析结果图或表，方法是单击导航栏的"结果"选项，在弹出的对话框中选择"分析结果"按钮，图 6-27、图 6-28 为得出分析结果的过程。

图 6-27　创建数据库

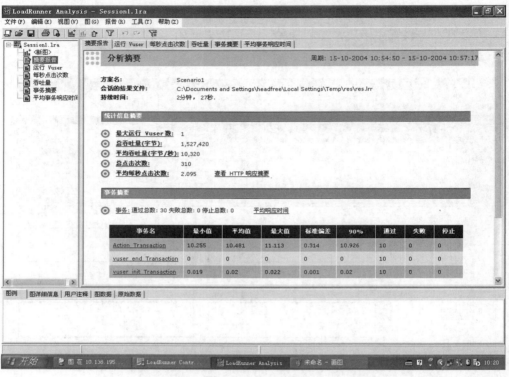

图 6-28　执行结果

根据不同的场景设计，配置脚本后进行测试得到如下结果：

测试环境

LMM：

    CPU：4×2.7GB　　RAM：4GB

    WebSphere 5.0 + IBM HTTP Server

    线程池：100

    JDBC 连接池：100

    会话超时：30 分钟

DS：

    CPU：4×2.2 GB　　RAM：4GB

    WebSphere 5.0 + IBM HTTP Server

    线程池：100

    JDBC 连接池：100

    会话超时：30 分钟

DB&LDAP：

CPU：2×2.2G　　RAM：4GB

Oracle 8.1.7 + LDAP

测试工具：Load Runner 7.8

用户数据：用户名 test1～test100；口令与用户名相同。

测试用例 1

测试场景描述：

- 用户登录的 lmm 模块，总共登录 24 个用户，所有用户同时并发操作。
- 用户单击"登记的教程"按钮。
- 用户单击"启动"按钮，进行课程学习，进入 DS 模块。
- 在 DS 模块中进行学习，过程包括：首先，单击一次课程结构树；然后，进行课程内容的学习。
- 单击"返回 LMS"按钮，返回到 lmm 模块。
- 单击"退出"按钮，退出系统。

测试结果

lmm 与 DS 模块的 CPU 平均利用率在 10%以下。lmm 服务器的 CPU 利用率峰值为 20%，其阶段为 lmm 处理多个用户同时的登录请求与单击"已登记教程"的学习课程查询。DS 服务器的 CPU 利用率峰值为 100%（持续时间为 7 秒），其阶段为 DS 处理多个用户单一登录验证和同时对课程结构树查询。用户平均操作响应时间不超过 5 秒，所有交易成功。

测试用例 2

测试场景描述：

- 用户登录的 lmm 模块，总共登录 48 个用户，每秒钟登录 1 个用户。
- 用户单击"已登记教程"按钮。
- 用户单击"启动"按钮，进行课程学习，进入 DS 模块。
- 在 DS 模块中进行学习，过程包括：首先，单击一次课程结构树；然后，进行课程内容的学习。
- 单击"返回 LMS"按钮，返回到 lmm 模块。
- 单击"退出"按钮，退出系统。

测试结果

lmm 与 DS 模块的 CPU 平均利用率在 5%以下。lmm 服务器的 CPU 利用率峰值为 10%，其阶段为 lmm 处理多个用户同时的登录请求与单击"已登记教程"的学习课程查询。DS 服务器的 CPU 利用率峰值为 8%，其阶段为 DS 处理多个用户单一登录验证和同时对课程结构树查询。用户操作响应时间不超过 3 秒，所有交易成功。

测试用例 3

测试场景描述：

- 用户登录的 lmm 模块，总共登录 48 个用户，所有用户同时并发操作。

- 用户单击"登记的教程"按钮。
- 用户单击"启动"按钮，进行课程学习，进入 DS 模块。
- 在 DS 模块中进行学习，过程包括：首先，单击一次课程结构树；然后，进行课程内容的学习。
- 单击"返回 LMS"按钮，返回到 lmm 模块。
- 单击"退出"按钮，退出系统。

测试结果

lmm 与 DS 模块的 CPU 平均利用率在 20%以下。lmm 服务器的 CPU 利用率峰值为 40%，其阶段为 lmm 处理多个用户同时的登录请求与单击"已登记教程"的学习课程查询。DS 服务器的 CPU 利用率峰值为 100%（持续时间为 10 秒），其阶段为 DS 处理多个用户单一登录验证和同时对课程结构树查询。用户平均操作响应时间不超过 10 秒，所有交易成功。

测试用例 4

测试场景描述：

- 用户登录的 lmm 模块，总共登录 48 个用户，每秒钟同时登录 10 个用户。
- 用户单击"登记的教程"按钮。
- 用户单击"启动"按钮，进行课程学习，进入 DS 模块。
- 在 DS 模块中进行学习，过程包括：首先，单击一次课程结构树；然后，进行课程内容的学习。
- 单击"返回 LMS"按钮，返回到 lmm 模块。
- 单击"退出"按钮，退出系统。

测试结果

lmm 与 DS 模块的 CPU 平均利用率在 10%以下。lmm 服务器的 CPU 利用率峰值为 10%，其阶段为 lmm 处理多个用户同时的登录请求与单击"已登记教程"的学习课程查询。DS 服务器 CPU 的利用率峰值为 100%（持续时间为 2 秒），其阶段为 DS 处理多个用户单一登录验证和同时对课程结构树查询。用户平均操作响应时间不超过 5 秒，所有交易成功。

测试用例 5

测试场景描述：

- 用户登录的 lmm 模块，总共登录 100 个用户，每秒钟登录 1 个用户。
- 用户单击"登记的教程"按钮。
- 用户单击"启动"按钮，进行课程学习，进入 DS 模块。
- 在 DS 模块中进行学习，过程包括：首先，单击一次课程结构树；然后，进行课程内容的学习。
- 单击"返回 LMS"按钮，返回到 lmm 模块。
- 单击"退出"按钮，退出系统。

测试结果

lmm 与 DS 模块的 CPU 平均利用率在 20%以下。lmm 服务器 CPU 的利用率峰值为 10%，其阶段为 lmm 处理多个用户同时的登录请求与单击"已登记教程"的学习课程查询。DS 服务器 CPU 的利用率峰值为 100%（持续时间为 2 分 20 秒），其阶段为 DS 处理多个用户单一登录验证和同时对课程结构树查询。用户最大操作响应时间为 30 秒，所有交易成功。

测试用例 6

测试场景描述：

- 用户登录的 lmm 模块，总共登录 100 个用户，所有用户同时并发操作。
- 用户单击"登记的教程"按钮。
- 用户单击"启动"按钮，进行课程学习，进入 DS 模块。
- 在 DS 模块中进行学习，过程包括：首先，单击一次课程结构树；然后，进行课程内容的学习。
- 单击"返回 LMS"按钮，返回到 lmm 模块。
- 单击"退出"按钮，退出系统。

测试结果

lmm 与 DS 模块的 CPU 平均利用率在 20%以下。lmm 服务器的 CPU 利用率峰值为 40%，其阶段为 lmm 处理多个用户同时的登录请求与单击"已登记教程"的学习课程查询。DS 服务器的 CPU 利用率峰值为 100%（持续时间为 3 分钟），其阶段为 DS 处理多个用户单一登录验证和同时对课程结构树查询。用户超时 1 个。

测试用例 7

测试场景描述：

- 用户登录的 lmm 模块，总共登录 200 个用户，所有用户同时并发操作。
- 用户单击"登记的教程"按钮。
- 用户单击"启动"按钮，进行课程学习，进入 DS 模块。
- 在 DS 模块中进行学习，过程包括：首先，单击一次课程结构树；然后，进行课程内容的学习。
- 单击"返回 LMS"按钮，返回到 lmm 模块。
- 单击"退出"按钮，退出系统。

测试结果

lmm 的 CPU 平均利用率在 20%以下。lmm 服务器的 CPU 利用率峰值为 40%，其阶段为 lmm 处理多个用户同时的登录请求与单击"已登记教程"的学习课程查询。DS 服务器的 CPU 利用率峰值为 100%（持续时间为 5 分钟），其阶段为 DS 处理多个用户单一登录验证和同时对课程结构树查询。用户超时 108 个。

 **本章小结**

本章重点介绍了软件性能测试的基本概念，从用户视角、管理员视角和开发视角 3 个不同的方面对"性能"进行了阐述和分析，重点给出了不同视角所感受到的"性能"的不同表现。

同时，为了后续章节展开讨论的方便，本章给出了"响应时间"、"并发用户数"、"吞吐量"、"性能计数器"和"思考时间"几个常见的性能相关词汇的解释，其中重点阐述了"响应时间"的两个不同含义；给出了"并发用户数"的计算公式和常用的分析估算方法；对"吞吐量"、"并发用户数"之间的联系给出了说明；对"性能计数器"和"思考时间"进行了初步的释义。

本章的最后给出了软件性能测试中经常使用到的方法论，包括 SEI 的负载测试计划过程、RBI 方法、LoadRunner 和 Segue 给出的性能测试方法等，以及性能测试的方法及工具，最后通后具体的实例对性能测试进行讲解，帮助读者进一步理解和掌握这一部分内容。

 **实训习题**

练习 1．什么是软件性能？

练习 2．衡量一个软件系统性能的常见指标有哪些？

练习 3．为什么在性能测试中需要关注"并发用户数"？

练习 4．负载测试和压力测试有什么区别？

7

Web 应用测试

1. 掌握：Web 应用的安全测试和压力测试。
2. 理解：Web 应用的界面测试、功能测试和兼容性测试。
3. 了解：Web 应用、Web 应用技术和 Web 应用服务器。

7.1　Web 应用概述

7.1.1　Web 应用

随着互联网的迅猛发展，人们的日常生活、工作和学习已经与网络密不可分。而真正促使互联网快速发展的则是存在于网络上各式各样的 Web 应用。Web 应用通过网络为用户提供各种服务，人们通过网络下载自己喜欢的歌曲和视频、与从未谋面的网友进行交流、进行网上银行账户查询和转账、网上购物、处理工作邮件、进行企业信息管理、分享和下载学习资料、在论坛上发帖子求助等这些都属于 Web 应用提供的服务。

用户获取 Web 应用服务的流程如图 7-1 所示，首先用户在客户端浏览器中输入 Web 应用的网络路径，浏览器通过 HTTP 协议向 Web 应用服务器发出服务请求，Web 应用服务器根据用户的请求选择相应的 Web 应用程序进行处理，如果涉及到数据的查询和更新还需要对数据库进行访问，然后 Web 应用通过 Web 应用服务器将处理后的数据返回给客户端，通常返回给客户端的数据响应是 HTML 文件格式，最后由客户端浏览器将 HTML 文件解析成网页的形式呈现给用户。

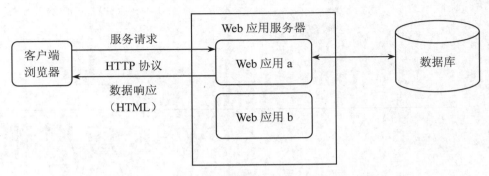

图 7-1　Web 应用服务的流程图

7.1.2　Web 应用技术

Web 应用需要使用专门的语言或技术进行设计开发，常用的 Web 应用开发技术有 CGI、PHP、ASP、ASP.NET、JSP 和 Servlet 等。

1. CGI（Common Gateway Interface）

CGI 是"公共网关接口"的英文缩写，是 HTTP 服务器与网络中其他机器上的程序进行通信的一种工具，其程序必须运行在网络服务器上。绝大多数的 CGI 程序被用来解释处理来自表单的输入信息，并在服务器进行处理，然后将相应的信息反馈给浏览器。CGI 程序使网页具有交互功能。

2. PHP（Hypertext Preprocessor）

PHP 是"超文本预处理语言"的英文缩写。PHP 是一种在服务器端执行的嵌入 HTML 文档的脚本语言，被广泛地运用于 Web 应用的开发。PHP 独特的语法混合了 C、Java、Perl 以及 PHP 创新的语法。它可以比 CGI 更快速地执行动态网页。其他的编程语言相比，PHP 是将程序嵌入到 HTML 文档中去执行，执行效率比完全生成 HTML 标记的 CGI 要高许多；PHP 还可以执行编译后的代码，编译可以加密和优化代码运行，使代码运行更快。PHP 具有非常强大的功能，所有的 CGI 的功能 PHP 都能实现，而且支持几乎所有流行的数据库以及操作系统。

3. ASP（Active Server Page）

ASP 是"动态服务器页面"的英文缩写。ASP 是微软公司开发的代替 CGI 脚本程序的一种应用，它可以与数据库和其他程序进行交互，是一种简单、方便的 Web 应用工具。

4. ASP.NET

ASP.NET 不仅是 ASP 的下一个版本，而且是一种建立在通用语言上的程序构架，能被用于一台 Web 服务器来建立强大的 Web 应用程序。不像以前的 ASP 即时解释程序，它是将程序在服务器端首次运行时进行编译，使得执行效率大大提高。

ASP.NET 可以运行在 Web 应用软件开发者的几乎全部的平台上。通用语言的基本库，消息机制，数据接口的处理都能无缝地整合到 ASP.NET 的 Web 应用中。ASP.NET 同时也是一种语言独立化的 Web 应用开发技术，可以选择一种或多种语言来设计实现 Web 应用，现在已经支持的有 C#、VB.NET、JScript.NET、Managed C++和 J#。这样的多种程序语言协同工作的能力可以保留现在的基于 COM+开发的程序，能够完整地移植到 ASP.NET。

5. Servlet

Servlet 是一种服务器端的 Java 应用程序，具有独立于平台和协议的特性，可以生成动态的 Web 页面。它担当客户请求（Web 浏览器或其他 HTTP 客户程序）与服务器响应（HTTP 服务器上的数据库或应用程序）的中间层。Servlet 是位于 Web 服务器内部的服务器端的 Java 应用程序，与传统的从命令行启动的 Java 应用程序不同，Servlet 由 Web 服务器进行加载，该 Web 服务器必须包含支持 Servlet 的 Java 虚拟机。

6. JSP（Java Server Pages）

JSP 是"Java 服务器页面"的英文缩写。JSP 页面由 HTML 代码和嵌入其中的 Java 代码组成。当页面被客户端请求访问时，服务器对这些 Java 代码进行处理，然后将生成的 HTML 页面返回给客户端的浏览器。Java Servlet 是 JSP 的技术基础，而且大型的 Web 应用程序的开发需要 Java Servlet 和 JSP 配合才能完成。JSP 具备了 Java 技术的简单易用，完全的面向对象，具有平台无关性且安全可靠，主要面向因特网的所有特点。Servlet 和 JSP 都属于 Sun 公司制订的 Java EE（Java 企业级版本）中的技术。

7.1.3　Web 应用服务器

Web 应用运行在相应的 Web 应用服务器上，Web 服务器封装实现了底层网络通信的技术细节，使 Web 应用开发者不用考虑如何使用 HTTP 进行通信，只需要把关注点集中到 Web 应用功能的实现上，大大降低了 Web 应用的开发难度，提高了 Web 应用的开发效率。目前常用的 Web 应用服务器有 IIS、WebSphere、WebLogic、Apache 和 Tomcat 等。

1. IIS

Microsoft 的 Web 服务器产品为 Internet Information Server(IIS)，IIS 是允许在公共 Intranet 或 Internet 上发布信息的 Web 服务器。IIS 是目前最流行的 Web 服务器产品之一，很多著名的网站都建立在 IIS 的平台上。IIS 提供了一个图形界面的管理工具，称为 Internet 服务管理器，可用于监视配置和控制 Internet 服务。

IIS 是一种 Web 服务组件，其中包括 Web 服务器、FTP 服务器、NNTP 服务器和 SMTP 服务器，分别用于网页浏览、文件传输、新闻服务和邮件发送等方面，它使得在网络（包括互联网和局域网）上发布信息成了一件很容易的事。它提供 ISAPI（Intranet Server API）作为扩展 Web 服务器功能的编程接口；同时，它还提供一个 Internet 数据库连接器，可以实现对数据库的查询和更新。

2. WebSphere

WebSphere Application Server 是一种功能完善、开放的 Web 应用程序服务器，是 IBM 电子商务计划的核心部分，它是基于 Java 的应用环境，用于建立、部署和管理 Internet 和 Intranet 的 Web 应用程序。这一整套产品进行了扩展，以适应 Web 应用程序服务器的需要，范围从简单到高级和企业级。

WebSphere 针对以 Web 为中心的开发人员，他们都是在基本 HTTP 服务器和 CGI 编程技术上成长起来的。IBM 将提供 WebSphere 产品系列，通过提供综合资源、可重复使用的组件、功能强大并易于使用的工具，以及支持 HTTP 和 IIOP 通信的可伸缩运行时环境，来帮助这些用户从简单的 Web 应用程序转移到电子商务世界。

3. WebLogic

WebLogic Server 是一种多功能、基于标准的 Web 应用服务器，为企业构建自己的应用提供了坚实的基础。各种应用开发、部署所有关键性的任务，无论是集成各种系统和数据库，还是提交服务、跨 Internet 协作，起始点都是 BEA WebLogic Server。由于它具有全面的功能、对开放标准的遵从性、多层架构、支持基于组件的开发，很多基于 Internet 的企业都选择它来开发和部署最佳的应用。

BEA WebLogic Server 在使应用服务器成为企业应用架构的基础方面继续处于领先地位。BEA WebLogic Server 为构建集成化的企业级应用提供了稳固的基础，它们以 Internet 的容量和速度，在连网的企业之间共享信息、提交服务，实现协作自动化。

4. Apache

Apache 仍然是世界上用的最多的 Web 服务器，市场占有率为 60%左右。它源于 NCSA WWW 服务器，当 NCSA 将此服务器项目停止后，那些原来使用 NCSA WWW 服务器的用户开始继续开发和交换用于此服务器的补丁，最后这样一个打满补丁的服务器（A Patchy Server）被谐音叫做 Apache Server。世界上很多著名的网站都是 Apache 的产物，它的成功之处主要在于它的源代码开放、有一支开放的开发队伍、支持跨平台的应用（可以运行在几乎所有目前流行的操作系统上）以及它的可移植性等方面。

5. Tomcat

Tomcat 是一个开放源代码、运行 Servlet 和 JSP Web 应用软件的基于 Java 的 Web 应用软件容器。Tomcat Server 是根据 Servlet 和 JSP 规范执行的，因此我们就可以说 Tomcat Server 也实行了 Apache-Jakarta 规范，且比绝大多数商业应用软件服务器要好。

Tomcat 是 Java Servlet 2.2 和 JavaServer Pages 1.1 技术的标准实现，是基于 Apache 许可证下开发的自由软件。Tomcat 是完全重写的 Servlet API 2.2 和 JSP 1.1 兼容的 Servlet/JSP 容器。Tomcat 使用了 JServ 的一些代码，特别是 Apache 服务适配器。随着 Catalina Servlet 引擎的出现，Tomcat 的性能得到提升，使得它成为一个值得考虑的 Servlet/JSP 容器，因此目前许多基于 Java 技术的 Web 服务器都是采用 Tomcat。

下面就以 Tomcat 为例来讲解 Web 应用服务器的安装与使用。安装 Tomcat 之前要先安装 JDK，可以从 http://java.sun.com 上下载最新版本的 JDK。本书编写时 Tomcat 的最新版本是 2010 年 01 月 21 日发布的 Tomcat 6.0.24，下载地址为 http://tomcat.apache.org/download-60.cgi，在此 网页上提供了不同的运行环境下可执行文件（Binary Distributions）和源代码（Source Code Distributions）的下载链接。如果在 Windows XP 下面运行，可以选择 32-bit Windows zip。将 下载的 apache-tomcat-6.0.24-windows-x87.zip 文件进行解压。解压后可以在主目录下面找到 bin 文件夹，bin 文件夹中存放的是 Tomcat 的相关应用程序，要启动 Tomcat 需要执行 startup.bat 批处理文件，执行后会出现 DOS 界面提示信息，如图 7-2 所示。

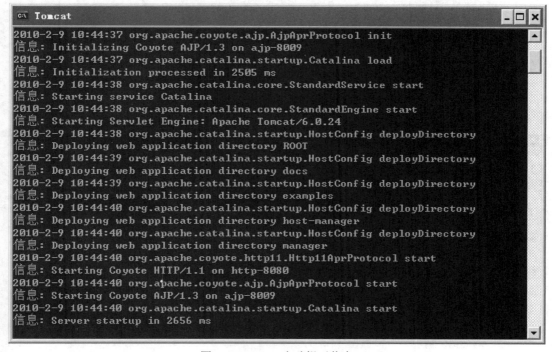

图 7-2　Tomcat 启动提示信息

最后一行信息"Server startup in 2656 ms"表示 Tomcat 已启动成功，共花费时间 2656 毫 秒。这里需要注意的是，根据 Tomcat 需加载的 Web 应用数量、服务器的硬件配置以及资源占 用情况等因素，Tomcat 的启动时间是不同的。Tomcat 服务器运行成功后，就可以使用浏览器 来进行访问，Tomcat 默认的端口号是 8080。在浏览器的地址栏中输入 http://127.0.0.1:8080/， 会出现如图 7-3 所示的页面。

如果要关闭 Tomcat 则执行 shutdown.bat 程序，Tomcat 关闭后如果再访问 http:// 127.0.0.1:8080/，则会出现找不到服务器的错误提示，如图 7-4 所示，通过这种方法，可以检 查 Tomcat 是否正常启动或关闭。

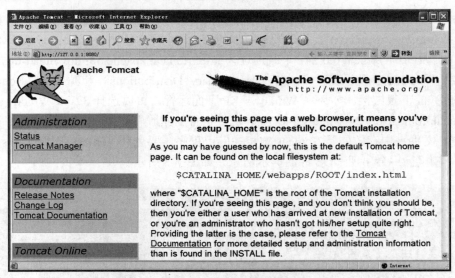

图 7-3　Tomcat 服务器主页

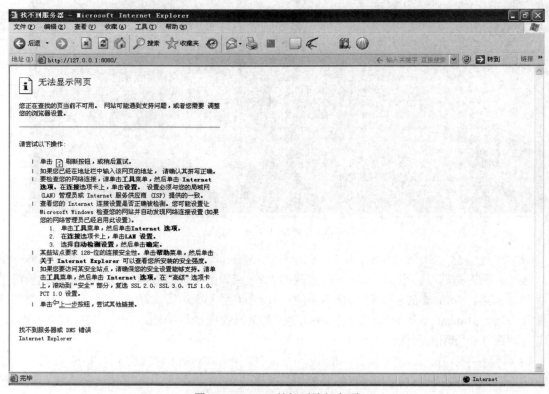

图 7-4　Tomcat 关闭后访问主页

7.2　Web 应用设计测试

物质由内容和形式两方面组成，对于 Web 应用来说，功能就是 Web 应用的内容，而界面就是 Web 应用的形式。设计 Web 应用，重点在于如何满足客户的需求，实现相应的功能，难点在于如何设计出让客户赏心悦目的界面，以最佳的形式来表现内容。因此设计出一个优秀的 Web 应用，不仅需要精通程序设计的软件工程师，还需要熟悉美学的美工设计师。

另外由于绝大部分的 Web 应用都是属于 B/S 结构，用户可能会在不同的操作系统平台上使用不同的浏览器来访问 Web 应用，因此在 Web 应用的设计中，良好的兼容性也是必须要考虑的因素。对于 Web 应用设计测试，也正是从 Web 应用界面测试、Web 应用功能测试和 Web 应用兼容性测试这三个方面进行。

7.2.1　Web 应用界面测试

1. Web 页面测试

用户使用 Web 应用时，最先接触的就是 Web 页面，Web 页面设计的好坏与否很大程度上决定了 Web 应用是否能令用户满意。对 Web 页面测试首先要评测整个 Web 应用系统的页面结构设计，例如：当用户浏览 Web 应用系统时是否感到舒适，是否凭直觉就知道要找的信息在什么地方？Web 应用系统的整体设计风格是否一致？然后分别对 Web 应用页面部分和页面元素部分进行测试，重点评测以下几点：

（1）页面部分。

1）Web 应用的页面清单是否完整（是否已经将所需要的页面全部都列出来了）。

2）页面是否显示（在不同分辨率下页面是否存在，在不同浏览器版本中页面是否显示）。

3）页面在窗口中的显示是否正确、美观（在调整浏览器窗口大小时，屏幕刷新是否正确）。

4）页面特殊效果（如特殊字体效果、动画效果）是否显示。

5）页面特殊效果显示是否正确。

（2）页面元素部分。

1）页面设计中包含的页面元素是否全部显示。

2）页面元素是否正确显示。

3）页面元素的外形、摆放位置。

4）页面元素基本功能是否实现（如文字特效、动画特效、背景音乐、视频、按钮、超链接）。

2. 图形测试

在 Web 应用系统中，适当的图片和动画既能起到广告宣传的作用，又能起到美化页面的功能。一个 Web 应用系统的图形可以包括图片、动画、边框、颜色、字体、背景和按钮等。图形测试的内容有：

（1）要确保图形有明确的用途，图片或动画不要胡乱地堆在一起，以免浪费传输时间。Web 应用系统的图片尺寸要尽量地小，并且要能清楚地说明某件事情，一般都链接到某个具体的页面。

（2）验证所有页面字体的风格是否一致。

（3）背景颜色应该与字体颜色和前景颜色相搭配。

（4）验证图片大小和数量对网页显示速度的影响。图片的大小和数量也是一个很重要的因素。由于用户可能存在网络带宽限制，图片数量过多，体积太大会影响整个页面的显示速度，会使用户误认为整个 Web 应用运行速度较慢，因此图片的数量应控制在一定的范围，而且在不影响显示效果的情况下应多采用压缩格式的图片。

（5）验证文字环绕是否正确。如果说明文字指向右边的图片，应该确保该图片出现在右边。不要因为使用图片而使窗口和段落排列古怪或者出现孤行。

3. 表格测试

在 Web 应用界面设计中表格的使用是非常广泛的，表格可以用来设计网页的整体布局，也可以用来显示相关的信息。对表格的测试就是验证表格是否设置正确。例如对于显示公司产品信息的表格需验证用户是否需要向右滚动页面才能看见产品的价格？把价格放在左边，而把产品细节放在右边是否更有效？每一栏的宽度是否足够，表格中的文字是否都有折行？是否因为某一格的内容太多，而将整行的内容拉长？

4. Web 应用导航测试

Web 应用通过导航为用户提供了快捷方便的操作方式。使用户可以很方便地在同一个页面内不同的用户接口控制（如按钮、对话框、列表等）之间；或在不同的 Web 页面之间进行切换。Web 应用系统的用户趋向于目的驱动，即很快地扫描一个 Web 应用系统，看是否有满足自己需要的信息，如果没有，就会很快地离开。很少有用户愿意花时间去熟悉 Web 应用系统的结构，因此，Web 应用系统导航帮助要尽可能地准确。

对 Web 应用的导航测试需考虑下列问题：Web 应用的导航是否直观？Web 应用的主要服务是否可通过主页快速获取到？Web 应用是否提供了站点地图、搜索引擎或其他的导航帮助？

对 Web 应用导航测试的另一个重要方面就是验证 Web 应用系统的页面结构、导航、菜单、连接的风格是否一致。确保用户凭直觉就知道 Web 应用系统里面是否还有内容，内容在什么地方。

7.2.2 Web 应用功能测试

对 Web 应用进行功能测试，通常采用黑盒测试方法。每一个独立的功能模块需要设计单独的测试用例，其主要依据为《需求规格说明书》、《详细设计说明书》和《用户帮助手册》。黑盒测试方法在本书第 4 章已有介绍，这里具体讲解针对于 Web 应用应重点测试的功能点。

1. 链接测试

链接是 Web 应用系统的一个主要特征，它是在页面之间切换和指导用户去一些不知道地址的页面的主要手段。链接测试可分为三个方面。首先，测试所有链接是否按指示的那样确实链接到了该链接的页面；其次，测试所链接的页面是否存在；最后，保证 Web 应用系统上没有孤立的页面，所谓孤立页面是指没有链接指向该页面，只有知道正确的 URL 地址才能访问。链接测试可以自动进行，现在已经有许多工具可以采用。链接测试必须在集成测试阶段完成，也就是说，在整个 Web 应用系统的所有页面开发完成之后进行链接测试。

2. 表单测试

表单是用户向 Web 应用提交信息的接口，例如用户注册、登录、查询条件提交等。表单是体现 Web 应用交互功能的重要组件，因此也是 Web 应用功能测试的重点，应从以下几点来对表单进行测试：

（1）表单元素测试：表单元素包括文本框、单选按钮、复选框、列表和按钮等，进行表单元素测试时应检查表单中各元素的功能是否符合设计要求，是否方便用户使用。

（2）字符串长度检查：输入超出需求所说明的字符串长度的内容，看系统是否检查字符串长度，会不会出错。

（3）字符类型检查：在应该输入指定类型的内容的地方输入其他类型的内容（如在应该输入整型的地方输入其他字符类型），看系统是否检查字符类型，是否会报错。

（4）标点符号检查：输入内容包括各种标点符号，特别是空格、各种引号、回车键，看系统处理是否正确。

（5）中文字符处理：在可以输入中文的系统输入中文，看是否会出现乱码或出错。

（6）检查带出信息的完整性：在查看信息和更新信息时，查看所填写的信息是不是全部带出，带出信息和添加的是否一致。

（7）信息重复：在一些需要命名，且名字应该唯一的信息处输入重复的名字或 ID，看系统有没有处理，是否会报错，重名包括是否区分大小写，以及在输入内容的前后输入空格，系统是否做出正确处理。

（8）检查删除功能：在一些可以一次删除多个信息的地方，不选择任何信息，单击 Delete 键，看系统如何处理，是否会出错，然后选择一个或多个信息进行删除，看是否正确处理。

（9）检查添加和修改是否一致：检查添加和修改信息的要求是否一致，例如添加要求必填的项，修改也应该必填；添加规定为整型的项，修改也必须为整型。

（10）检查修改重名：修改时把不能重名的项改为已存在的内容，看是否会处理、报错。同时，也要注意，会不会报和自己重名的错。

（11）重复提交表单：一条已经成功提交的记录，回退后再提交，看看系统是否做了处理。

（12）检查多次使用 Backspace 键的情况：通过使用 Backspace 键可以后退到前面访问过的页面，重复单击多次 Backspace 键，看 Web 应用是否能正确处理。

（13）输入信息位置：注意在光标停留的地方输入信息时，光标和所输入的信息是否会跳到别的地方。

（14）必填项检查：应该填写的项没有填写时系统是否都做了处理，对必填项是否有提示信息，如在必填项前加*。

（15）快捷键检查：是否支持常用快捷键，如 Ctrl+C 键、Ctrl+V 键和 Backspace 键等，对一些不允许输入信息的字段，如选择用户对快捷方式是否也做了限制。

（16）"回车"键检查：在输入结束后直接按"回车"键，看系统处理如何，是否会报错。

3．Cookies 测试

Cookies 是能够让 Web 应用把少量数据存储到客户端的硬盘或内存中，以及从客户端获取以前存储数据的一种技术。由于 Web 应用使用的 HTTP 协议是无状态的协议，所以通常使用 Cookies 来存储用户与 Web 应用的交互状态。Web 应用通过 Cookies 可以实现很多功能，最常用的就是能够记住用户的登录状态，使用户下次使用同一台计算机登录时不需要再输入用户名和密码。如果 Web 应用中某些功能的实现使用了 Cookies，就必须检查 Cookies 是否能正常工作。测试的内容主要包括以下几点：

（1）测试 Cookies 是否起作用。

（2）测试 Cookies 是否按预定的时间进行保存。

（3）测试刷新对 Cookies 的影响。

（4）检查是否有提示用户不要关闭 Cookies 功能的信息。

（5）测试如果客户端浏览器关闭了 Cookies 功能会出现什么结果。

4．设计语言测试

Web 设计语言版本的差异可以引起客户端或服务器端严重的问题，例如使用哪种版本的 HTML 等。当在分布式环境中开发时，开发人员都不在一起，这个问题就显得尤为重要。除了 HTML 的版本问题外，不同的脚本语言，例如 Java、JavaScript、ActiveX、VBScript 或 Perl 等也要进行验证。

5．数据库测试

在 Web 应用技术中，数据库起着重要的作用，数据库为 Web 应用系统的管理、运行、查询和实现用户对数据存储的请求等提供空间。在 Web 应用中，最常用的数据库类型是关系型数据库，可以使用SQL对信息进行处理。在使用了数据库的 Web 应用系统中，一般情况下，可能发生两种错误，分别是数据一致性错误和输出错误。数据一致性错误主要是由于用户提交的表单信息不正确而造成的，而输出错误主要是由于网络速度或程序设计问题等引起的，针对这两种情况，可分别进行测试。

7.2.3　兼容性测试

1．平台测试

市场上有很多不同的操作系统类型，最常见的有 Windows、UNIX、Macintosh、Linux 等。Web 应用系统的最终用户究竟使用哪一种操作系统，取决于用户系统的配置。这样，就可能会发生兼容性问题，同一个应用可能在某些操作系统下能正常运行，但在另外的操作系统下可能会运行失败。因此，在 Web 系统发布之前，需要在各种操作系统下对 Web 系统进行兼容性测试。

2. 浏览器测试

浏览器是 Web 客户端最核心的构件，来自不同厂商的浏览器对 Java、JavaScript、ActiveX、plug-ins 或不同的 HTML 规格有不同的支持。例如，ActiveX 是 Microsoft 的产品，是为 Internet Explorer 而设计的，JavaScript 是 Netscape 的产品，Java 是 Sun 的产品等。另外，框架和层次结构风格在不同的浏览器中也有不同的显示，甚至根本不显示。不同的浏览器对安全性和 Java 的设置也不一样。测试浏览器兼容性的一个方法是创建一个兼容性矩阵。在这个矩阵中，测试不同厂商、不同版本的浏览器对某些构件和设置的适应性。

7.3　Web 应用安全测试

7.3.1　Web 应用安全

随着 Web 应用的发展，Web 应用的安全性也越来越受到人们的关注。一个不安全的 Web 应用不但会给它的用户带来损失，令公司的形象和利益受损，而且会使公司的机密信息泄漏，重要的数据被破坏。

Web 应用被频繁攻击的原因在于进行简单 Web 应用攻击的技术要求不高，网络中 Web 应用攻击工具比比皆是，很容易获取而且使用简单，只要具有一定计算机操作能力的人都可以通过这些工具发起攻击。另外 Internet 的匿名性也给那些攻击者提供了天然的保护屏障，使他们可以肆无忌惮地对 Web 应用进行攻击。利益的驱使也是 Web 应用受到攻击的重要原因，银行账户、游戏账号和虚拟货币等这些可以获取经济利益的网络资源成为了攻击者们的首选目标。有些公司为了商业目的，也会聘请黑客高手攻击竞争对手网站上的 Web 应用，破坏数据获取商业机密。

7.3.2　Web 应用安全测试方法

由于 Web 应用安全威胁大部分来自于黑客的攻击，因此通常采用模拟攻击的方式对 Web 应用的安全性进行测试，这种安全测试也称为 Web 应用渗透测试（Web Application Penetration Testing）。Web 应用安全测试是对 Web 应用系统进行主动的分析，测试出系统中可能存在的漏洞和安全隐患，而不是等到破坏造成后再进行补救，这样可以使维护成本和损失降到最低。

开放 Web 应用安全项目简称 OWASP（Open Web Application Security Project），是一个开放社群、非营利性组织，其主要目标是研究协助解决 Web 应用安全的标准、工具与技术文件，长期致力于协助政府或企业了解并改善 Web 应用程序与 Web 服务的安全性。

OWASP 将 Web 应用渗透测试分为配置管理测试、业务逻辑测试、认证测试、授权测试、会话管理测试、数据验证测试、拒绝服务测试、Web 服务测试和 AJAX 测试共 9 类。

1. 配置管理测试（Configuration Management Testing）

配置管理测试通过对 Web 应用的系统架构进行分析获取测试相关信息。这些信息包括源代码、可使用的 HTTP 方法、管理功能、认证方法和基础配置等。

配置管理测试包括 SSL/TLS 测试、数据库监听器测试、基础配置测试、应用配置管理测试、文件后缀名测试、旧版本文件和备份文件测试、系统底层架构和应用管理接口测试、HTTP 方法和跨站点跟踪（XST，Cross Site Tracing）测试。

2. 业务逻辑测试（Business Logic Testing）

业务逻辑包括业务规则和工作流，业务规则表示要处理的数据，数据规范以及处理数据的方式和步骤。工作流则是表示有序工作任务的传递，一个参与者按照自己的工作任务要求处理完数据后交由下一个参与者进行处理，这里的参与者可以是人或者软件系统。

黑客进行业务逻辑攻击会对系统造成很大的危害，而且业务逻辑上的漏洞很难用自动化工具测试出来。对 Web 应用的业务逻辑测试通常有以下步骤：

（1）理解 Web 应用功能需求。通过 Web 应用用户手册、需求分析和功能规范文档来分析和理解 Web 应用的功能需求。通过不同权限的用户对 Web 应用的各个功能进行使用分析，尽可能全面深刻地理解 Web 应用的业务逻辑，大致找出系统可能出现业务逻辑漏洞的地方。

（2）创建原始测试数据。业务逻辑原始测试数据包括应用业务场景数据、工作流数据、用户角色数据、组织部门数据、不同用户和用户组的访问权限以及权限表格等。

（3）设计逻辑测试用例。设计逻辑测试用例可以通过权限表格、非常规用户处理顺序、覆盖事务处理路径和客户端验证等方式进行。

（4）执行逻辑测试。按照设计的测试用例执行逻辑测试。在测试过程中对 HTTP 请求和响应进行分析，检查 HTTP 请求次序，了解 HTTP 请求中隐藏字段、表单字段以及参数的作用。

3. 认证测试（Authentication Testing）

Web 应用中的认证机制通过用户名和密码或相关信息来确定用户的合法性。认证测试就是分析和了解系统的认证机制，并通过获取的信息来确认是否能绕过 Web 应用的合法用户认证。

认证测试包括测试数据传输通道、测试用户列表、测试常用账户、强力测试、测试认证保护漏洞、测试密码遗忘处理机制、测试用户注销和浏览器缓存管理、测试 CAPTCHA、测试多要素认证。

（1）测试数据传输通道。认证测试需要测试用户输入的登录信息，包括用户名和密码等是否通过安全的协议传输，以免被黑客采用监听的手段轻易获取。

（2）测试用户列表。测试用户列表通过与 Web 应用的认证机制进行交互是否能够获取到有效的用户列表。

（3）测试常用账户。测试 Web 应用中是否缺省存在常见的账户以及容易被破解的账户，通常这些账户会以用户名和密码组合的方式存放到字典文件中，因此这种测试也被称为字典测试（Dictionary Testing）。

（4）强力测试（Brute Force Testing）。当测试常用账户完成后，可以进行强力测试。强力测试用于确认通过使用有效的用户名是否能获取相应的密码。

（5）测试认证保护漏洞。测试所有的 Web 应用资源在认证机制的保护下，是否存在无需用户身份认证就能够获取的资源。

（6）测试密码遗忘处理机制。Web 应用认证机制有一个重要功能就是帮助遗忘密码的用户重新设置新的密码,这也往往成为易受攻击的地方,因此需要对密码遗忘处理机制进行测试,确认其是否设计合理，没有安全隐患。

（7）测试用户注销和浏览器缓存管理。测试用户注销后再次登录是否不需要进行认证,测试 Web 应用是否允许客户浏览器保存登录成功的用户名和密码。

（8）测试 CAPTCHA。CAPTCHA（Completely Automated Public Turing Test to Tell Computers and Humans Apart）是指全自动区分计算机和人类的图灵测试。CAPTCHA 的目的是区分计算机和人类的一种程序算法，这种程序必须能生成并评价人类能很容易通过但计算机却通不过的测试。目前大部分 Web 应用的认证机制都要求登录用户除了输入用户名和密码外，还需根据图片输入验证码，这就是一种 CAPTCHA，能有效的防止黑客使用程序工具恶意登录。

（9）测试多要素认证。测试多要素认证机制适用于下列场景：单次使用密码（OTP－One time password）生成器标识、配备有数字证书的 U 盘或智能卡等密码设备，通过短信业务发送随机生成的 OTP，仅合法用户知道的个人信息等。

4．授权测试（Authorization Testing）

Web 应用的授权机制用来控制相关资源和信息只有得到授权的用户才能访问。授权机制是在用户通过了认证机制后进行的，用来判断合法用户是否有权利访问特定数据。测试人员进行授权测试分析 Web 应用的授权机制的工作原理，以及检测是否能够通过一些手段获取非授权资源和信息。通过授权测试确定是否能够绕过系统授权机制、Web 应用中是否存在路径游历漏洞以及是否能够非法提升用户权限。

5．会话管理测试（Session Management Testing）

在 Web 应用设计中，核心的一点就是如何在服务器端和客户端保持和管理会话状态，用来控制用户和 Web 应用系统的交互。会话的管理在 Web 应用中使用广泛，从用户登录、业务处理到用户注销都涉及到了会话管理。HTTP 是一种无状态协议，Web 服务器只能响应客户端当前的请求，而无法将同一客户端前面的请求进行关联。在 Web 应用设计中，通过会话（Session）技术将同一用户的多次请求关联起来，从而控制用户和 Web 应用系统的交互。

为了避免用户每访问一个 Web 应用页面就需要进行身份认证，Web 应用设计人员通常采用会话管理机制在一定的时间段内保存和验证用户身份标识。这种机制增加了 Web 应用的用户友好性，但同时却给黑客带来了可乘之机。测试人员需要对 Web 应用的会话管理进行测试，检查 Session 是否按照安全的方式进行创建和管理,避免黑客使用会话管理漏洞危害 Web 应用安全。

6．数据验证测试（Data Validation Testing）

大部分 Web 应用的安全隐患在于无法有效的对用户输入的信息进行验证，从而使黑客可以采取多种方式对 Web 应用进行攻击，例如跨站点脚本攻击（Cross Site Scripting）、SQL 注入式攻击（SQL Injection）、编译注入攻击（Interpreter Injection）、文件系统攻击（File System Attacks）和缓冲区溢出攻击（Buffer Overflows）等。测试人员要尽可能地了解黑客利用 Web 应用数据验证漏洞进行攻击的手段，在 Web 应用正式启用前模拟这些攻击进行测试。

7. 拒绝服务测试（Denial of Service Testing）

拒绝服务攻击（DoS，Denial of Service）是黑客常用的攻击手段，其目的是让目标服务器停止提供服务，从而阻止合法用户的正常访问。DoS 攻击的原理是攻击者通过消耗目标服务器的相关资源使得服务器无法正常处理其他用户的服务请求，这些资源包括 CPU、磁盘空间、内存容量以及网络带宽等。有时攻击者会操纵大量感染木马病毒的计算机（肉鸡）对目标服务器发起 DoS 攻击，这就是我们通常所说的分布式拒绝服务攻击（DDoS，Distributed Denial of Service）。这种类型的攻击是无法通过 Web 应用设计者修改代码避免的。DDoS 攻击只能通过完善网络架构来进行防御。

这里要进行的拒绝服务测试针对 Web 应用设计上的漏洞，利用这些漏洞的恶意用户通过一台计算机就可以使 Web 应用的某个功能失效，更严重的情况会使整个系统崩溃。Web 应用设计上的漏洞造成 DoS 攻击有 SQL 通配符攻击（SQL Wildcard Attacks）、锁住合法用户账户、缓冲区溢出、用户定义对象资源分配、用户输入程序循环次数、将用户提供的数据写入磁盘、无法有效释放资源、Session 中存贮数据过多等。对于这样的情况需要进行拒绝服务测试。

8. Web 服务测试（Web Services Testing）

Web 服务应用已成为目前非常流行的一种 Web 应用系统，Web 服务应用与一般的 Web 应用的区别在于它的客户通常不是使用浏览器上网的用户而是网络上其他的后台服务器。Web 服务应用基于面向服务框架技术（Service Orientated Architecture），SOA 本质上是服务的集合。服务间彼此通信，这种通信可能是简单的数据传送，也可能是两个或更多的服务协调进行某些活动。服务间需要某些方法进行连接。所谓服务就是精确定义、封装完善、独立于其他服务所处环境和状态的函数。

Web 服务应用框架仍然使用 HTTP 协议，并且在其中引入了 XML、SOAP、WSDL 和 UDDI 技术。

- WSDL（Web Services Description Language）是指 Web 服务描述语言，通过它来描述服务接口。
- SOAP（Simple Object Access Protocol）是指简单对象访问协议，它通过 XML 和 HTTP 来实现 Web 服务和客户应用间的通信。
- UDDI（Universal Description Discovery and Integration）即统一描述、发现和集成协议。UDDI 用来注册和发布 Web 服务，并说明服务的信息类型，以便帮助服务请求者发现和确定是否需要此服务。

Web 服务应用中的安全漏洞和一般的 Web 应用中的漏洞基本相似，也包括 SQL 注入、信息泄漏和缓冲区溢出等，但 Web 服务应用还存在 XML 解析时可能出现的安全漏洞。因此对 Web 服务应用的测试除了常规的 Web 应用安全测试之外，应重点对 XML 解析功能进行测试。

9. AJAX 测试（AJAX Testing）

AJAX（Asynchronous JavaScript and XML）是指异步 JavaScript 和 XML，使用 AJAX 可以开发出基于浏览器的具有高用户交互性和几乎不易觉察到延迟的 Web 应用。AJAX 技术通过 XMLHttpRequest 对象和 JavaScript 向 Web 服务器发出异步请求，解析服务器的响应，然后显示相应的页面。

利用 AJAX 技术可以开发出功能强大的 Web 应用。但从系统安全的角度，使用 AJAX 技术开发的 Web 应用可能存在的安全隐患比普通的 Web 应用更多。同时对基于 AJAX 技术的 Web 应用的安全测试会更加复杂，因为其技术处理过程不只是在服务器端，还存在于客户端。使用 AJAX 可能带来的安全隐患有以下几点：

（1）由于输入增多，增加了受攻击的可能性。

（2）泄露了 Web 应用的内部功能。

（3）客户能够通过不安全的方式访问第三方的资源。

（4）无法保护认证信息和会话。

（5）客户端和服务器端的混合编码导致安全问题。

7.4　Web 应用压力测试

7.4.1　压力测试

压力测试是性能测试的一种，它主要用于测试系统在极端条件下的性能特征，这些性能特性包括稳定性、可用性和可靠性。压力测试的目的是使测试人员找到系统在极端条件下才会出现的情况，这些极端条件包括高强度负载、高并发访问以及有限的系统资源。

测试人员通过对系统进行压力测试来确定在什么条件下系统会崩溃，如何崩溃以及在系统崩溃之前会出现哪些预警信号。对系统进行压力测试是为了发现那些会对系统造成潜在危害的问题。通过合理的压力测试，测试人员能够发现系统的同步性问题、死锁问题、优先级问题和大量消耗系统资源的 bug 等。

对 Web 应用进行压力测试时需要了解其压力环境以及对应于这些压力环境，系统在运行过程中可能出现的情况。

在 Web 应用中的压力环境有：

- 在某一时间段有大量的数据访问或服务请求，这种情况包括黑客对系统进行拒绝服务攻击（DoS）或网站上发布了重大新闻信息，使得在很短的时间内有大量的用户同时进行访问。
- 可用资源减少，例如内存或磁盘空间不足。

- Web 应用设计缺陷。
- 突然的断电和电源恢复。

对应于这些压力环境，系统可能出现的情况有：

- 数据丢失或损坏。
- 当压力环境消失后，系统资源占用率仍然很高。
- 系统无法正常响应用户的请求。
- 系统在运行过程中产生的异常没有经过处理而直接呈现给最终用户。

Web 应用压力的测试步骤介绍如下。

1. 确定测试目标

根据希望得到的测试结果来确定测试目标。确定测试结果是否能为项目组预防系统崩溃提供足够的信息，确定是否能测试出当系统资源耗尽时系统的运行情况，确定在压力环境下系统功能是否能正常实现。

2. 确定 Web 应用关键的功能

为了使压力测试取得最大的效果，测试应重点放在 Web 应用那些关键的功能上。同时，有些功能会影响整个系统的性能，也应该是压力测试的重点。可以根据对整个 Web 应用性能的影响程度来选择需测试的功能。测试那些会对性能影响很大的操作，包括高并发操作、大事务处理和高强度的磁盘读写处理等。

3. 确定工作负载

在压力测试过程中，需要施加超过系统承受极限的负载，才能使测试人员观察到高负荷下系统的运行情况。为确定系统的极限工作负载，可以通过持续的增强负载和变化压力环境来观察系统的运行情况，直到系统开始发出压力信号。确定工作负载的关键是通过多种压力环境来测试系统，直到系统产生严重的错误。这些压力环境包括增加更多的用户、减少延迟时间、增加用户操作的次数或类型，以及调整测试数据等。

在描述工作负载时需要使用精确和现实的数据，诸如类型和容量、使用不同的用户名登录、产品表示和产品类型等。通过这些测试数据可以使测试人员发现系统在运行过程中出现的死锁、资源耗尽等严重的问题。

4. 确定性能指标

如果能正确的定义和捕获性能指标，测试人员可以了解到系统的实际性能是否达到预期的目标。另外通过指标，测试人员还能找到系统的问题域和瓶颈。

根据在第一步确定的测试目标也就是系统的整体性能特征，来确定要捕获的指标。指标不但能够体现系统的整体性能和吞吐量，还能够提供有关系统潜在问题的信息。常用的性能指标有：处理器利用率、内存消耗量、磁盘利用率、网络利用率、死锁次数以及响应时间等。

5. 设计测试用例

确定工作负载和测试的关键功能还不能为压力测试提供足够的信息，设计一个完整的压力测试还需要性能目标、工作负载特征、测试数据、测试环境以及确定后的性能指标。每个测试用例应包含预期的测试结果和测试过程中的关键数据。通常使用"通过"、"失败"或"未确定"来表示测试的结果。

6．执行测试

当完成了上述步骤后，测试人员就可以向目标系统施加模拟负载进行压力测试。执行压力测试通常需要进行以下步骤：

（1）检查测试环境是否能够满足测试需要，这里的测试环境包括硬件环境和软件环境。确定硬件环境就是确定计算机的处理器、内存、硬盘以及网络等性能是否满足测试需要。确定软件环境就是确定操作系统以及一些相关的软件是否运行正常。

（2）确定测试环境进行了正确的设置。

（3）在正式测试前，先执行快速测试确保测试脚本能正常运行。

（4）重置系统开始正式测试。

7．分析结果

测试执行完后，测试人员分析捕获的数据，将结果和性能指标进行比较。如果测试结果没有达到预期的性能目标，分析原因并提交测试报告给设计人员进行改进。

7.4.2　压力测试工具（JMeter）介绍

JMeter 是 Apache 软件基金会的一个开源项目，是使用 Java 语言开发的桌面应用程序。JMeter 主要用于 Web 应用的测试，也可以进行其他的测试。通过使用 JMeter，用户可以对动态和静态资源进行测试，其中包括文件、Servlets、Perl 脚本、Java 对象、数据库、FTP 服务器等。JMeter 可以通过模拟巨大的负载来测试服务器、网络或对象的承受强度，或通过模拟不同的负载类别来分析系统的整体性能。用户可以通过 JMeter 来进行系统性能的图形化分析，也可以测试在高强度并发负载环境下服务器、脚本或对象的性能表现。

JMeter 的主页地址是 http://jakarta.apache.org/jmeter/，本书编写时 JMeter 的最新版本是 JMeter 2.3.4，下载地址是 http://jakarta.apache.org/site/downloads/downloads_jmeter.cgi，在此页面上提供了不同运行环境下可执行程序和源代码的下载链接，如果在 Windows XP 操作系统下面运行，可以选择 2.3.4.zip。将下载的压缩文件 jakarta-jmeter-2.3.4.zip 进行解压，解压时路径选择要注意 JMeter 主目录的上级目录名称最好是无空格的英文字母组合，否则在运行过程中可能会出现异常。解压完成后，我们就可以使用 JMeter 对 Web 应用进行测试。下面就以 Tomcat 中的一个简单的 Servlet 例子来演示如何通过 JMeter 对 Web 应用进行测试。

启动 Tomcat，访问 Tomcat 服务器主页，在页面上可以看到一个 Servlets Examples 链接，如图 7-5 所示。

单击 Servlets Examples 链接，进入 Servlets 实例页面，如图 7-6 所示，这里是 Tomcat 提供的 Servlet 例子，对应每个例子包含执行结果（Execute）页面链接和源代码（Source）页面链接。

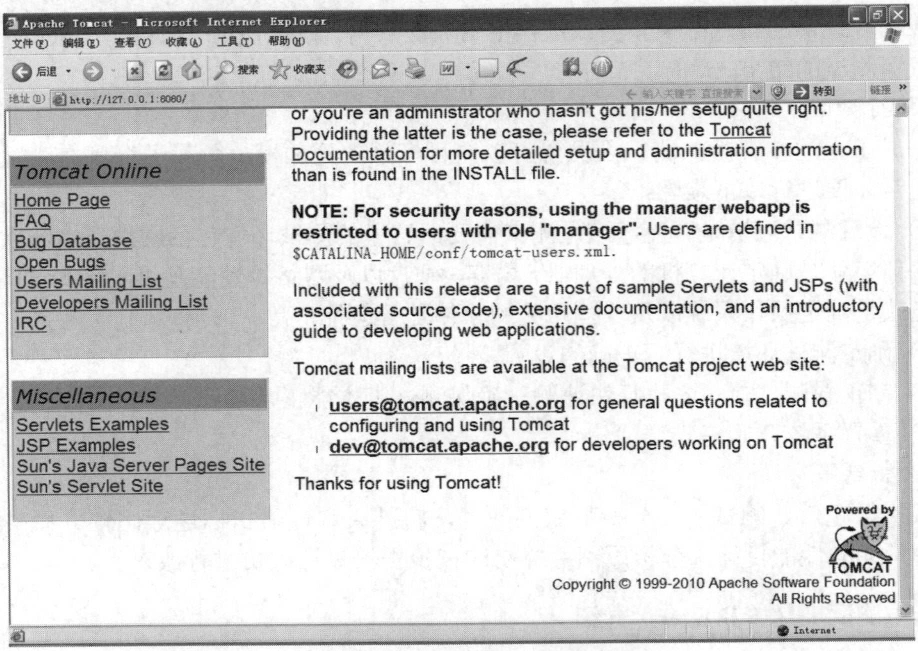

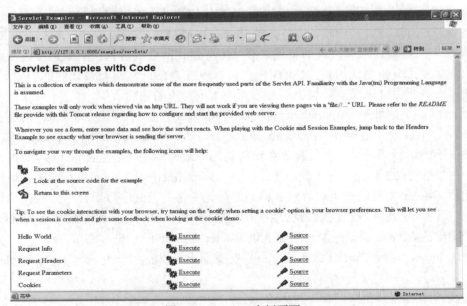

图 7-5　Servlets Examples 链接

图 7-6　Servlets 实例页面 1

　　单击第一个例子 Hello World 的 Execute 链接，我们看到此 Servlet 的功能就是在页面上显示出"Hello World"字符串，如图 7-7 所示。

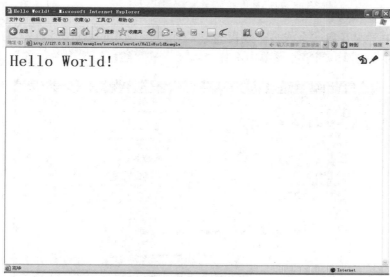

图 7-7   Servlets 实例页面 2

我们也可以在浏览器地址栏输入 http://127.0.0.1:8080/examples/servlets/servlet/HelloWorld
Example 来直接访问此 Servlet 应用。下面就使用 JMeter 对这个 Servlet 进行测试。

1. 启动 JMeter

执行 JMeter 主目录下 bin 目录中的 jmeter.bat 批处理文件，出现如图 7-8 所示的 JMeter 主
界面，在主界面的右侧面板中可以为此次测试进行命名，这里我们不做任何改动。

图 7-8   JMeter 主界面

2. 添加线程组

在 JMeter 中采用开启一个或多个线程的方式对目标 Web 应用进行测试。右击主界面左侧面板的测试计划，在弹出的快捷菜单中选择"添加"→"线程组"命令，如图 7-9 所示。

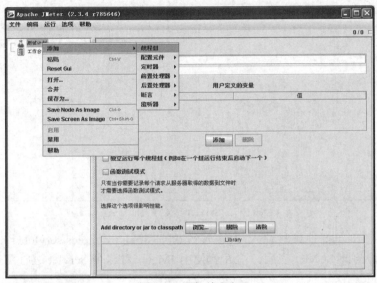

图 7-9　添加线程组

在线程组设置界面中，可以对线程组的名称、线程数、线程创建时间 Ramp-up period、线程循环次数等进行设置，在这里设置 2 个线程，每个线程循环执行 5 次，如图 7-10 所示。

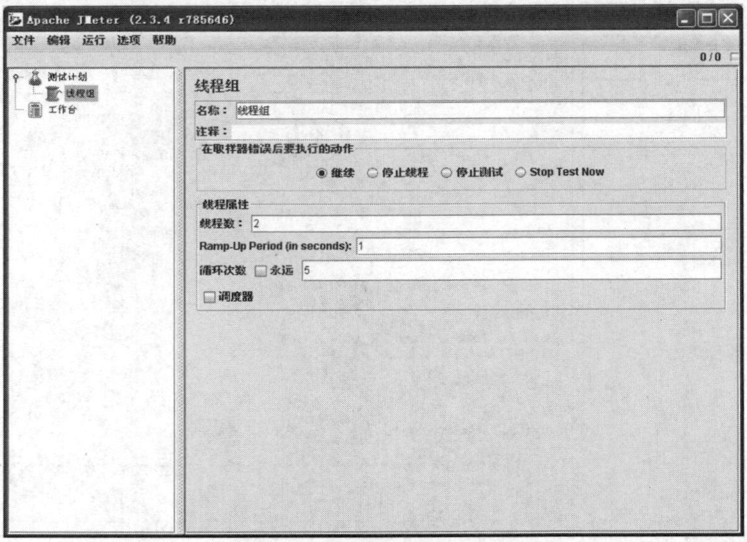

图 7-10　线程组设置界面

3．添加设置测试取样器（Sampler）

在 JMeter 中通过对各种不同的 Web 应用进行请求服务来达到测试的目的。针对不同的应用服务请求，JMeter 提供了相应的取样器（Sampler），测试人员只需要选择对应于被测 Web 应用的取样器，进行相关设置后，就可以进行测试。这里对 Servlet 应用进行测试，可以选择 HTTP 请求取样器。右击线程组，在弹出的快捷菜单中选择"添加"→Sampler→"HTTP 请求"命令，如图 7-11 所示。

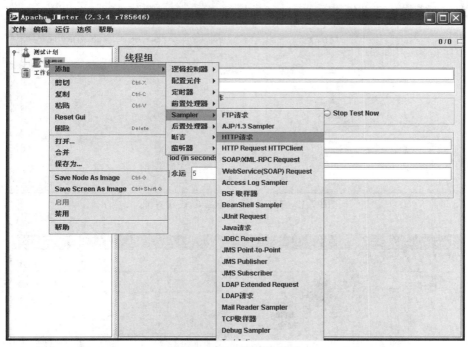

图 7-11　添加测试取样器

在 HTTP 请求取样器设置界面中，对要访问的 Web 服务器 IP 地址、端口号、访问协议、访问方法，以及路径进行设置。在本例中，是对 URL 为 http://127.0.0.1:8080/examples/servlets/servlet/HelloWorld Example 的 Servlet 进行测试，则 Web 服务器地址设置为 127.0.0.1，端口号设置为 8080，访问方法设置为 GET，路径设置为/examples/servlets/servlet/HelloWorld Example，如图 7-12 所示。

4．添加监听器

JMeter 通过设置监听器的方式来捕获测试数据和测试结果。在 JMeter 中提供了各种不同的监听器，以不同的方式来显示测试结果。如果我们希望以树型结构来查看结果，可以添加"查看结果树"监听器。右击线程组，在弹出的快捷菜单中选择"添加"→"监听器"→"查看结果树"命令，如图 7-13 所示。

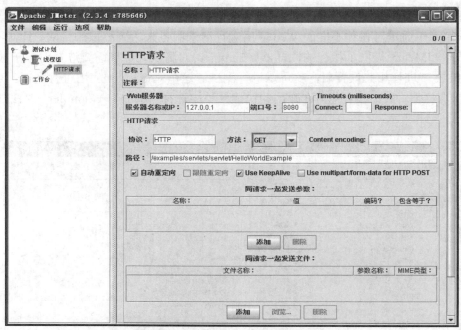

图 7-12　HTTP 请求取样器设置界面

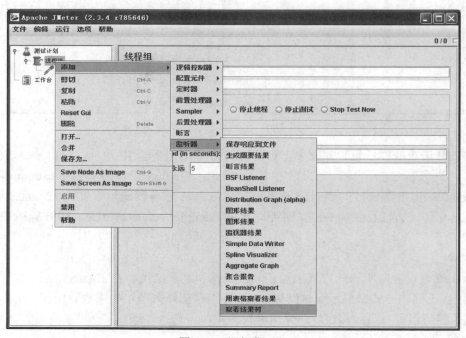

图 7-13　添加监听器

"查看结果树"面板如图 7-14 所示。

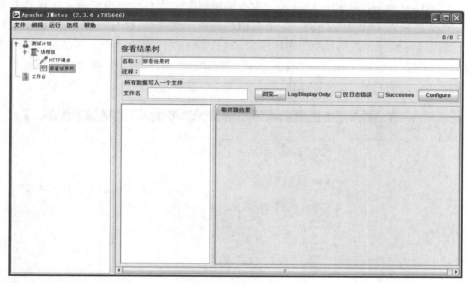

图 7-14　查看结果树

5. 运行测试计划

当在测试计划中添加了线程组、取样器和监听器后，就可以开始进行测试。选择菜单"运行"→"启动"命令，如图 7-15 所示。

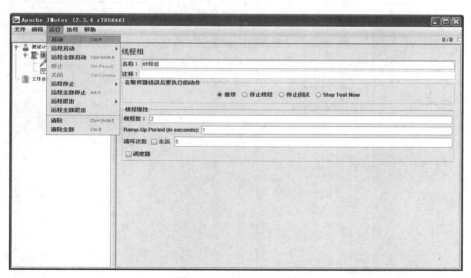

图 7-15　运行测试计划

6. 查看和分析测试结果

测试计划运行完成后，我们可以通过"查看结果树"来查看和分析结果。可以看到本次测试过程中，JMeter 总共向 Tomcat 发出了 10 个 HTTP 请求，也就是我们在线程组中设置了启动 2 个线程，每个线程循环执行 5 次的结果。对应于每个 HTTP 请求，都有"取样器结果"视图如图 7-16 所示、"请求"视图如图 7-17 所示、"响应数据"视图如图 7-18 所示，在"响应数据"视图中还可以通过选择 Render HTML 来以 HTML 页面的方式查看响应数据，如图 7-19 所示。

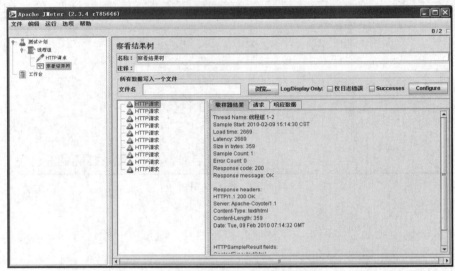

图 7-16　取样器结果

图 7-17　请求

图 7-18　响应数据源文件

图 7-19　响应数据页面

7. 添加其他监听器查看结果

除了"查看结果树"监听器，同时还可以添加"用表格查看结果"监听器，如图 7-20 所示。测试计划运行完成后，"表格查看结果"的视图如图 7-21 所示。可以看出，以表格方式显示的测试结果虽然没有结果树方式详细，但更加直观地显示了每次 HTTP 请求测试的完成时间，状态以及字节数等信息。

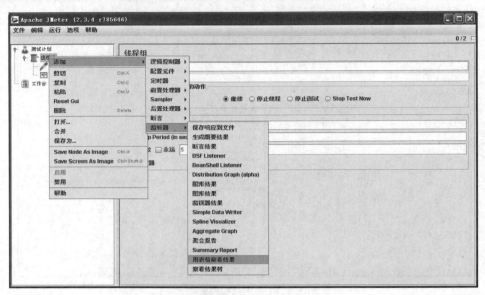

图 7-20　添加表格显示结果监听器

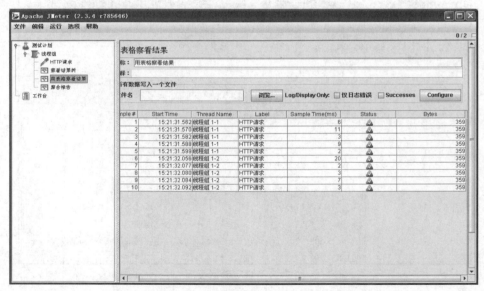

图 7-21　测试结果表格

还可以通过"聚合报告"监听器来查看测试结果的汇总情况，如图 7-22 所示。

通过上面的例子，我们简单地介绍了使用 JMeter 进行压力测试的步骤，当然 JMeter 的功能远远不只这些，由于篇幅所限，本书不做更详细的介绍，有兴趣的读者可以参考 JMeter 帮助文档和网络资源深入掌握 JMeter 的使用。

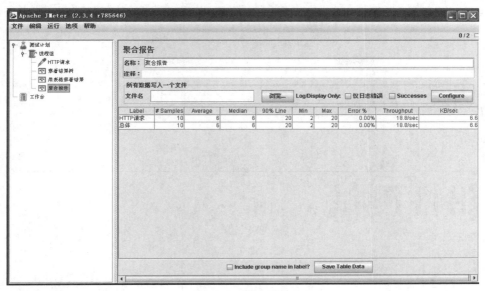

图 7-22   聚合报告

 本章小结

　　本章讲解了 Web 应用测试的相关内容。熟悉和了解 Web 应用的相关概念和技术，对于 Web 应用测试是非常重要的，本章介绍了 Web 应用的开发技术和 Web 服务器，通过 Tomcat 讲解了 Web 服务器的安装和使用。然后从 Web 应用设计测试、Web 应用安全测试和 Web 应用压力测试这三个方面介绍了 Web 应用的测试方法。在 Web 应用压力测试中，以 JMeter 为例讲解了 Web 应用压力测试工具的使用。

 实训习题

　　练习 1．什么是 Web 应用？举例说明常见的 Web 应用。

　　练习 2．有哪些常用的 Web 应用开发技术和 Web 服务器？

　　练习 3．在 Tomcat 网站上下载 Tomcat 安装程序，安装并使用。

　　练习 4．Web 应用的设计测试包括哪几个方面？

　　练习 5．怎样进行 Web 应用的界面测试？

　　练习 6．为什么要对 Web 应用进行安全测试？安全测试的方法有哪些？

　　练习 7．使用 JMeter 对 Tomcat 上的 JSP 实例进行压力测试，采用 3 个线程，每个线程执行 5 次。

Chapter 7

8

易用性测试

8.1 易用性测试概述

第一次走到新的办公室，透过落地的巨大玻璃门，可以看到里面的会议室。许多人会习惯的去推门，同时脚步并没有停下来。结果"哐"的一声巨响，整个身子就撞了上去，鼻子贴到了玻璃上。原来，这扇门是只能拉而不能推的，这是每个人都会遇到的事情：只能拉的门去推，只能推的门去拉，或者直接一头撞进那种左右滑动的移门上去。这是 Donald A. Norman 在一本很有趣的书《The Design of Everyday Things》里描述的关于门的例子。

这个时候，许多人常会自责"自己真不小心"。其实，傻的不是我们，而是门的设计师。因为这是会让人犯错误的设计，是易用性出了问题。易用性差的门，就像给我们设计的圈套，等着我们掉进去。所以，易用性是一门学问，软件易用性对于软件开发越来越重要，它常常是软件是否被广泛使用的决定性因素之一。比如 Windows 的技术不比 UNIX 先进但却更流行，其中一个因素是易用性做得很好，如界面友好、操作简便、丰富的帮助支持和外形靓丽。因此易用性的好坏在决定软件产品的推广和受欢迎的程度上已经起到了不可估量的作用。

1. 什么是软件易用性

软件易用性是用户对软件的易使用性、质量、效率以及效果的感觉。在软件质量指标体系中，易用性（Usability）：是交互的适应性、功能性和有效性的集中体现。易用性是用来衡量使用一个软件产品完成指定任务的难易程度。这跟功能性、喜欢这些相关的概念是不一样的。

在《软件工程产品质量》质量模型中，易用性包含易见性、易学习性和易用性。即软件产品被理解、学习、使用和吸引用户的能力。易见是指单凭观察，用户就应知道程序的状态。易学是指不通过帮助文件或不通过简单的帮助文件，用户就能对一个陌生的软件产品有清晰的认识。易用是指用户不翻阅手册就能使用该软件。效率性是指用户熟悉软件功能或界面后，完成任务的速度。出错率是指在使用软件过程中，用户出现了多少错误，这些错误有多严重，从错误中是否容易恢复等。

2. 软件易用性的几点常见误区

（1）忽视和误解了软件易用性概念。

近年来，虽然在软件开发中 GUI Design（图形化交互界面设计）以及易用性已经得到软件团队的普遍重视，但众多软件开发团队在该领域还处于起步阶段，甚至妄图用"美工"这一图形设计角色来解决软件产品中出现的各种诸如人机交互、界面设计以及易用性改善方面的问题，而这样的做法必然导致软件产品的不可用，其易用性则更加无从谈起。

易用性是用户体验的一个重要方面，但许多软件开发人员往往会沉溺于自己的思维习惯，而不管用户使用得是否顺畅。例如，在易用性方面缺乏考虑用户是谁、他们的背景是什么、用户具备了哪些知识、用户想做什么或需要做什么、用户工作时的情境是什么状况等。实际上，易用性是一种以使用者为中心的设计概念，易用性的重点在于让软件产品能够符合使用者的习惯与需求，是希望让使用者在使用的过程中不会产生压力或感到挫折，希望使用者能有愉悦的心情并用最少的努力发挥最大的效能。

（2）混淆了有用性与易用性的区别。

我们常搞混有用性和易用性。普遍的情况是很多软件企业仍然对易用性熟视无睹，对真正改进客户满意度的途径不能理解。这些企业仅关注于软件产品功能的基本可用，而忽略了其易用性。事实上，易用性是软件产品的一个基本属性，标志着软件产品的可用程度和成熟度。

有用（Usefulness）这个概念可以进一步分为易用性和功能性。尽管这两个词是相关的，但它们却是不可以相互替换的。功能性是指产品完成任务的能力，产品被设计为能完成更多的任务，那么产品的功能性就越强。我们回顾一下，20 世纪 80 年代末微软的 MS-DOS 版文字处理软件，该软件提供了很多很强的文字编辑功能，但是要求用户必须学习并记住很多神秘的按键才能完成任务。这样的软件可以说具有很高的功能性（提供给用户很多必要的功能），但易用性很低（用户必须花大量时间和精力去学习、使用它们）。

因此，如果给用户一个功能非常强大的程序，但却很难使用，那么用户将很可能会抵制它或者寻求其他替代物。所以，易用性测试是帮助开发人员确定用户能否容易地执行特定的任务，但是易用性测试并不能直接确定产品本身是否有价值或有功能。因此，要分清一件事物的两个方面，在分析的时候要避免将所有的问题都归结于易用性问题。

（3）没有正确理解发现、弄懂和效率。

易用性有很多方面，包括发现、弄懂、效率等特征。发现是指涉及用户根据需求去查找软件产品的某项功能的难易程度，具体说就是用户找到某项功能需要花多长时间及用户在查找过程中会犯多少错误（如找错位置）。弄懂是指用户通过一个过程明白怎样使用某项已发现的功能，意思是说这个过程需要多长时间及用户学会这个功能会犯多少错误。效率则是指一个有经验的用户去使用某项功能需要多长时间。

（4）没有考虑应用的高效性和帮助指南。

软件易用性还有一个特点，就是具有高效性和帮助指南。例如，是否有能加快速度的操作方法，例如快捷键，初级用户可以没有看到，但针对专业用户来说可以提高效率。因此，应该允许用户对常用的操作进行快捷设置，这样软件就能同时迎合无经验用户和经验丰富的用户的需要。最后，易用性还应该包括帮助指南，如帮助用户识别、诊断以及恢复错误。错误信息应该以简单的语言而非代码来表达，正确恰当地指出问题所在，并建设性地提供一个解决办法。

3．什么是软件易用性测试

易用性是软件工程中的一个专门的研究领域。由于软件易用性涉及到心理学、艺术、软件工程等多学科领域，所以易用性测试需要对多个领域的知识有较深入的研究。同时，由于易用性测试依赖于用户的主观判断，难以建立客观的易用性评估模型以及评价体系。目前还没有形成完整、统一的易用性测试的测试方法、评价标准和测试方案。

易用性测试的目的在于增加软件操作的简易性，让用户容易接受软件，方便用户的日常使用。因为易用性是非功能性需求，加上易用性不像功能那样有明确的界限。所以，易用性有很多的主观成分或无法直接测量，而必须通过间接测量或观察某些属性的方式进行测试。此外，易用性是针对不同人的，开发和测试人员无法准确知道该软件产品是否对别人同样易用。所以，很多时候易用性测试也没有一个标准。但一般来说，软件产品的易用性测试可分为四部分：安装易用性测试、功能易用性测试、界面易用性测试和用户文档易用性测试。本书将针对易用性测试的这四个部分做详细讲解。

4．如何高效地进行软件易用性测试

究竟好不好，用户是否满意，不是单方面感觉出来的，而需要有一套合理的测试方式和方法。简单地说，软件易用性测试工作大致分为以下步骤：

（1）制定测试计划。

制定易用性测试计划，并准备易用性测试用例和易用性测试规程，包括制定测试计划分为几个测试阶段、每个阶段的目的和任务等。

（2）搭建测试环境，选择合适的测试人员。

先是要根据软件需求搭建相应的测试环境，然后要对测试者进行选择。对于测试人员的选择，最好选择一些有代表性的用户，如最终用户或者内部没有参与开发的工作人员。经验表明，易用性测试通常不能由参与开发的人员来测试，这样会造成"易用的假象"，而是应该给多个不同的用户类分别进行测试。

（3）测试执行和过程控制。

依据和对照基线化软件、基线化需求及软件需求测试文档，进行软件易用性测试。例如，测试是否具有直观的操作界面，测试是否按用户的一般认识逻辑性与行业习惯进行软件设计，测试是否提供在线帮助，在线帮助是否有充分的实例，测试操作方式是否采用菜单驱动与热键响应相结合，测试是否存在复杂的菜单选项和繁琐的操作过程，还有旧版测试比较和竞争对手的软件比较测试等。注意在测试过程中，不要试着去指导或帮助测试人员，否则就会干扰测试结果。此外，要让测试出来的问题具有普遍意义而非个人倾向，需要至少5个用户参与易用性测试，其结果才具有说服力。

（4）测试结果分析和测试报告。

记录在易用性测试期间发现的所有问题，附上截图或者关键录像片段，目的是了解问题的具体情况和背后的原因。最后，要提交易用性测试分析报告，说明测试的软件能力、缺陷、限制和不足，以及可能给软件运行带来的影响，也可提出为弥补上述缺陷的建议。最后，说明测试是否通过。

8.2　安装测试

软件安装过程是用户对软件的第一印象，是软件能否赢得用户的关键之一。能正确方便地安装的软件才可能赢得用户的好感，而难以安装、安装后无法正常使用，或卸载后有不良影响的软件不仅会失去一定的用户，而且可能给软件开发商带来经济或名誉损失，甚至会有法律纠纷。因此，软件安装和卸载是否正确和是否易用需要经过有效的软件安装测试。

软件安装测试需要考虑多种软硬件环境、多种安装方式和设置情况以及用户的操作习惯，要测试软件在正常情况的不同条件或设置时是否都能进行安装。确认软件在安装后可立即正常运行，测试软件是否正常卸载，安装过程和卸载过程是否方便易用，并对安装手册进行测试。

安装测试时应着重考虑以下几个方面：

1. 安装手册的评估

测试安装手册时主要考虑其完整性、正确性、一致性和易用性。要按照安装手册的描述安装程序，尝试每一条建议，检查每一条陈述，找出描述不清或容易误解的内容，特别要检查安装手册对安装环境、需注意的事项，以及手动配置等方面是否进行了详细的说明。

2. 安装的自动化程度测试

一般来说，软件的安装和卸载过程应尽量做到"全自动化"。当然，为了满足用户的多种需求，也可能有一些必要的手动配置，那么要测试手动配置是否方便使用，例如是否有合适的默认值，是否提供了方便选择安装类型、修改安装路径的方式。

3. 安装选项和设置的测试

为了适应用户的多种需求，安装程序通常提供了一些选项和设置供用户选择，如安装路径、安装类型等。因此，测试时需要判断安装程序是否提供了方便灵活的用户设置方式，测试各种设置的情况下是否都能进行相应的安装。下面以常用的安装路径和安装类型为例进行说明。

（1）安装路径。至少要测试安装路径为默认路径、自定义路径时是否能正确安装。同时，也要测试安装路径为磁盘根目录、路径较长、路径中包含中文或空格等情况下是否能正常安装，如果安装程序对这些情况进行了限制，那么测试出现这些情况时是否给出了明确的提示。

（2）安装类型。对于包括多个组件的软件来说，一般要提供用户选择典型安装、自定义安装、完全安装、最小化安装的方式。要测试在这几种情况下，是否都能够按照用户的设置进行相应的安装。

4. 安装过程的中断测试

对于大型软件来说，安装过程可能需要几个小时，在这个过程中如果出现意外中断（如断电），可能使安装工作前功尽弃。因此一个好的自动化安装程序应该记忆安装过程，当恢复安装过程时，应能自动检测到"断点"，从"断点"处继续安装。

对安装时间较长的大型软件来说，要测试安装过程中断后，再次安装时是否从断点处开始，而不是从头开始。并且要测试软件在卸载过程中，用户中途取消卸载，软件是不是仍可以正常使用。

5. 多环境安装测试

对于安装测试来说，测试的软硬件环境配置是比较重要的。从测试的硬件环境来考虑，至少要在标准配置、最低配置和笔记本电脑三种环境中进行安装测试。有些情况下，软件声称的最低配置并不符实，所以在最低配置环境进行测试是非常必要的。另外，有些系统级的软件常常在笔记本电脑上安装时发生错误。

从测试的软件环境来考虑，要考虑操作系统和相关应用软件的影响：

（1）要在软件能够运行的几种操作系统下都进行安装，至少要在目前常用的 Windows 2000、Windows XP、Windows Vista 系统中进行测试。

（2）如果测试的软件设计为不依赖开发环境而运行的，那就需要测试在不安装开发环境的计算机中是否能正常安装和使用。

6. 安装的正确性测试

安装测试不仅是安装过程的测试，更重要的是安装结果的测试，也就是安装后是否能正常使用。但安装后的正确性测试一般不会测试所有的功能是否正常，而主要是测试安装包制作可能引起的功能问题，如下：

（1）该软件是否在注册表中正确写入。

（2）是否提供了常用的启动方式。一般应在"开始"菜单中创建一个程序组，并在桌面上建立一个快捷方式。

（3）几种启动方式是否都能正常启动软件，并且启动时间在一定限度内。

7. 修复安装测试与卸载测试

修复安装和卸载的测试也是软件安装测试的一个重要部分，特别要注意软件卸载后是否会造成不良影响，如删除了不该删除的文件而损坏了操作系统。修复安装测试和卸载测试需要从以下方面考虑：

（1）安装后直接再次安装，测试是否提示用户已安装，出现修复和卸载的页面，而不是安装页面。

（2）测试软件是否能够完全卸载，并且不影响操作系统和其他软件的正常使用。在特殊情况下，不能完全卸载时，是否有明确提示以方便用户手动操作。例如，某专业应用软件为 AutoCAD 的二次开发软件，卸载该专业软件后 AutoCAD 的界面上仍然出现该专业软件的菜单和工具栏，只是不再能使用了，这是不合适的。应该在卸载该软件后，其菜单和工具栏也不再出现在 AutoCAD 的界面上，即使不能完全自动卸载，也应该提示用户如何手动操作。

（3）测试软件卸载后，再次安装是否正常。

（4）在软件运行的情况下，进行卸载操作时，是否提示用户先关闭软件，而不出现异常。

（5）测试软件是否能正常修复。修复是指软件使用后，根据需要添加或删除软件的一些组件，或修复受损的软件。修复测试时，需检查修复是否起到作用，并且有无不良影响。

表 8-1 为一个简易的安装测试指南，在测试较为简单的软件产品安装时可以依照此表的步骤来进行。

表 8-1　安装测试指南

步骤	测试类型	测试内容	操作系统	测试结果
1	启动安装程序（launch setup）	如果安装了 CD-ROM，插入安装盘后自动启动安装程序，或找到 setup.exe 文件，双击文件启动安装程序	Windows 2000	Pass　Fail
			Windows NT	Pass　Fail
			Windows XP	Pass　Fail
			Windows Vista	Pass　Fail
2	闪屏（splash screen）	"载入安装程序"对话框出现后，检查： 1. 内容是否正确； 2. 拼写是否正确； 3. 在安装过程中，随着载入安装程序界面的出现，闪屏也随即出现	Windows 2000	Pass　Fail
			Windows NT	Pass　Fail
			Windows XP	Pass　Fail
			Windows Vista	Pass　Fail
3	弹出框（pop up box）	弹出框出现时，检查： 1. 内容是否正确； 2. 拼写是否正确	Windows 2000	Pass　Fail
			Windows NT	Pass　Fail
			Windows XP	Pass　Fail
			Windows Vista	Pass　Fail
4	中途退出（X、exit or cancel）	1. 单击右上角的 X 按钮，关闭时是否出现询问退出的对话框，如"您确定要退出吗？"； 2. 选择"取消"按钮、是否出现询问退出的对话框，如"您确定要退出吗？"： ● 单击"是"后出现提示应用系统没有被正确地安装，用户必须重新安装的信息； ● 单击"否"后关闭对话框且返回到先前的界面	Windows 2000	Pass　Fail
			Windows NT	Pass　Fail
			Windows XP	Pass　Fail
			Windows Vista	Pass　Fail

续表

步骤	测试类型	测试内容	操作系统	测试结果
5	安装导航（navigation）	1．安装导航引导用户到正确的屏幕，例如"下一步"（Next）、"返回"（Back）、"取消"（Cancel）按钮； 2．焦点停留的按钮能够引导到下一个合理的操作，例如 stand alone 安装类型将引导到 stand alone 安装中的下一个屏幕； 3．使用键盘导航	Windows 2000	Pass Fail
			Windows NT	Pass Fail
			Windows XP	Pass Fail
			Windows Vista	Pass Fail
6	目的地文件（file destination）	1．程序可以选择"C:"以外的目录； 2．通过单击"…"按钮可以选择其他的安装路径； 3．可以通过以下方法选择路径： • 焦点在"确定"按钮上，按 Enter 键或者单击"确定"按钮； • 从浏览文件夹中双击选择路径； • 直接输入路径。 4．当文本框中输入的路径不存在时，系统可以创建	Windows 2000	Pass Fail
			Windows NT	Pass Fail
			Windows XP	Pass Fail
			Windows Vista	Pass Fail
7	安装过程（start installation）	1．无异常出现； 2．所有的文字可以正常显示（无截断）； 3．界面上的版本信息、公司信息（图标、时间、地址等）正确； 4．许可证协议信息完整、正确	Windows 2000	Pass Fail
			Windows NT	Pass Fail
			Windows XP	Pass Fail
			Windows Vista	Pass Fail
8	安装完毕（installation complete）	1．有弹出窗口显示安装完毕； 2．所有的文件都安装在选择的目录下； 3．要求的.dll 全部安装； 4．帮助文件安装在指定的文件夹下； 5．检查.exe 和.dll 文件的版本号是否正确； 6．检查 Ini 文件是否记载了正确的路径和 IP 地址信息； 7．检查需注册信息在注册表中是否存在且在正确的地方； 8．快捷方式创建在选择的文件夹/启动菜单中，如 C:\WINNT\Profiles\xs564gb\Start Menu\Programs\Executive Workbench； 9．日志文件（Log）中的信息完整、正确	Windows 2000	Pass Fail
			Windows NT	Pass Fail
			Windows XP	Pass Fail
			Windows Vista	Pass Fail
9	启动应用程序（launch application）	可以通过以下方式启动应用程序： 1．双击目录中的应用程序图标； 2．从"开始"菜单中选择； 3．焦点放在 exe 文件上，按 Enter 键； 4．双击 exe 文件； 5．在运行命令下启动； 6．双击桌面上的快捷方式	Windows 2000	Pass Fail
			Windows NT	Pass Fail
			Windows XP	Pass Fail
			Windows Vista	Pass Fail

续表

步骤	测试类型	测试内容	操作系统	测试结果
10	重启后启动应用程序（restart to use application）	如果有对话框提示需重启计算机才能完成安装，重启机器再启动应用程序是否可以正常工作	Windows 2000	Pass　Fail
			Windows NT	Pass　Fail
			Windows XP	Pass　Fail
			Windows Vista	Pass　Fail
11	卸载（Uninstall）	通过 Uninstall 程序或"控制面板"卸载应用程序，卸载后，检查安装的文件/文件夹/注册表信息是否被删除	Windows 2000	Pass　Fail
			Windows NT	Pass　Fail
			Windows XP	Pass　Fail
			Windows Vista	Pass　Fail

8.3　功能易用性测试

功能测试就是对产品的各功能进行验证，根据功能测试用例，逐项测试，检查产品是否达到用户要求的功能。我们在对产品进行测试时主要考虑以下七个方面：

1.　业务符合性

界面风格、表格设计、业务流程、数据加密机制等符合相关的法律法规、业界规划以及使用人员的习惯。

2.　功能定制性

软件功能应能够灵活定制。

3.　业务模块的集成度

对于存在紧密关系的模块，能方便功能转换，从一个功能进入另一个功能。

4.　数据共享能力

数据库表的关联和数据重用。对于多处使用的数据应可以一次输入多处使用，减少用户重复工作。

5.　约束性

对于流程性强的操作，应能够限制操作顺序；对非法信息应不允许进入系统。

6.　交互性

对于用户的每一次操作，应能够给出提示或回应，使用户清晰地看到系统的运行状态。如进度条。对于流程性强的操作，应能够限制操作顺序；对非法信息应不允许进入系统。

7.　错误提示

关键操作或数据删除等操作前有明确的提示。报错时给出足够的出错原因，及排查的方法。

针对 Web 系统的常用测试方法如下：

（1）页面链接检查：每一个链接是否都有对应的页面，并且页面之间切换正确。

（2）相关性检查：删除/增加一项会不会对其他项产生影响，如果产生影响，这些影响是否都正确。

（3）检查按钮的功能是否正确：如 update、cancel、delete、save 等功能是否正确。

（4）字符串长度检查：输入超出需求所说明的字符串长度的内容，看系统是否检查字符串长度，会不会出错。

（5）字符类型检查：在应该输入指定类型内容的地方输入其他类型的内容（如在应该输入整型的地方输入其他字符类型），看系统是否检查字符类型，是否会报错。

（6）标点符号检查：输入内容包括各种标点符号，特别是空格、各种引号、回车键，看系统的处理是否正确。

（7）中文字符处理：在可以输入中文的系统输入中文，看是否会出现乱码或出错。

（8）检查带出信息的完整性：在查看信息和 update 信息时，查看所填写的信息是否全部带出，带出信息和添加的是否一致。

（9）信息重复：在一些需要命名，且名字应该唯一的信息输入处重复输入名字或 ID，看系统有没有处理，是否会报错，重名包括是否区分大小写，以及在输入内容的前后输入空格，系统是否做出正确处理。

（10）检查删除功能：在一些可以一次删除多个信息的地方，不选择任何信息，按 Delete 键，看系统如何处理，是否会出错；然后选择一个和多个信息进行删除，看是否正确处理。

（11）检查添加和修改是否一致：检查添加和修改信息的要求是否一致，例如添加要求必填的项，修改也应该必填；添加规定为整型的项，修改也必须为整型。

（12）检查修改重名：修改时把不能重名的项改为已存在的内容，看是否会处理、报错。同时，也要注意，会不会报和自己重名的错。

（13）重复提交表单：一条已经成功提交的记录，按下 Backspace 键后再提交，看系统是否做出了处理。

（14）检查多次使用 Backspace 键的情况：在有返回的地方，按下 Backspace 键回到原来页面，再按下 Backspace 键，如此重复多次，看是否会出错。

（15）search 检查：在有 search 功能的地方输入系统存在和不存在的内容，看 search 结果是否正确。如果可以输入多个 search 条件，可以同时添加合理和不合理的条件，看系统处理是否正确。

（16）输入信息位置：注意在光标停留的地方输入信息时，光标和所输入的信息会否跳到别的地方。

（17）上传/下载文件检查：上传/下载文件的功能是否实现，上传文件是否能打开。对上传文件的格式有何规定，系统是否有解释信息，并检查系统是否能够做到。

（18）必填项检查：应该填写的项没有填写时系统是否都做出处理，对必填项是否有提示信息，如在必填项前加*。

（19）快捷键检查：是否支持常用快捷键，如 Ctrl+C 键、Ctrl+V 键、Backspace 键等，对一些不允许输入信息的字段，如选人、选日期，是否对快捷方式也做了限制。

（20）"回车"键检查：在输入结束后直接按"回车"键，看系统处理如何，是否会报错。

8.4　用户界面测试

用户界面（User Interface）或 UI，是指软件中的可见外观及其底层与用户交互的部分（菜单、对话框、窗口和其他控件）。现在我们使用的个人计算机都有复杂的图形用户界面（GUI）。虽然 UI 可能各有不同，但是从技术上来说，它们与计算机进行同样的交互——提供输入和接受输出。用户界面是软件面向用户的主大门，直接影响到用户对软件系统的印象，及后期的使用等。

8.4.1　界面整体测试

用户界面测试（User Interface Testing），又称 UI 测试，是指测试用户界面的风格是否满足客户要求，文字是否正确，页面是否美观，文字、图片的组合是否完美，操作是否友好等。UI 测试的目标是确保用户界面会通过测试对象的功能来为用户提供相应的访问或浏览功能，确保用户界面符合公司或行业的标准。

许多软件公司花费大量时间和金钱探索设计软件用户界面的最佳方式，包括由人体工程学掌舵的专业易用性实验室，用户（主体）所做的任何行为，从按下哪个键，如何使用鼠标，到会犯什么样的错误，对什么感到困惑，都加以分析，以提高 UI 设计。但并非每一个软件开发小组都那样科学地设计界面。许多 UI 是程序员胡拼乱凑的——他们可能善于编写代码，但不一定善于设计界面。一个优秀的 UI 应该具有下面 7 个常见的要素。

1. 符合标准和规范

最重要的用户界面要素是软件符合现行的标准和规范，或者有真正站得住脚的不符合的理由。如果软件在 Mac 或者 Windows 等现有平台上运行，标准是已经确立的。Apple 的标准在 Addison-Wesley 出版的《Macintosh Human Interface Guidelines》一书中定义，而 Microsoft 的标准在 Microsoft Press 出版的《Microsoft Windows User Experience》一书中定义。两本书都详细说明了在该平台上运行的软件用户应该有什么样的外观和感觉。每一个细节都有定义，何时使用复选框而不是单选按钮（即何时两种选择状态是完全相反的或者不清楚），何时使用提示信息、警告信息或者严重警告是正确的，如图 8-1 所示。

注意：如果测试在特定平台上运行的软件，就需要把该平台的标准和规范作为产品说明书的补充内容。像对待产品说明书一样，根据它建立测试用例。

这些标准和规范由软件易用性专家开发。它们是经由大量正规测试、使用、尝试和错误而设计出的方便用户的规则。也并非要完全遵守准则，有时开发小组可能想对标准和规范有所提高。平台也可能没有标准，也许测试的软件就是平台本身。在这种情况下，设计小组可能成为软件易用性标准的创立者。

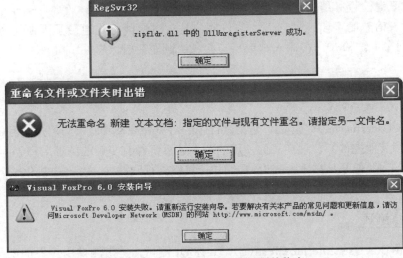

图 8-1　Windows 中有 3 种级别的信息

2.　直观性

当测试用户界面时，应考虑以下问题，以及如何衡量自己软件的直观程度：

（1）用户界面是否洁净、不唐突、不拥挤？UI 不应该为用户制造障碍。所需功能或者期待的响应应该明显，并在预期出现的地方。

（2）UI 的组织和布局合理吗？是否允许用户轻松地从一个功能转到另一个功能？下一步做什么明显吗？任何时刻都可以决定放弃或者退回、退出吗？输入得到承认了吗？菜单或者窗口是否深藏不露？

（3）有多余功能吗？软件整体抑或局部是否做得太多？是否有太多特性把工作复杂化？是否感到信息太庞杂？

（4）如果其他所有努力失败，帮助系统真能帮忙吗？

3.　一致性

测试的软件本身以及与其他软件的一致性是一个关键属性。用户的使用习惯性强了，希望一个程序的操作方式能够带到另一个程序中。图 8-2 中给出了本应符合一个标准，却不一致的两个应用程序的例子。在 Adobe Reader 中，"全屏"命令通过"视图"菜单或者按 Ctrl+L 组合键访问。在与其他非常类似的 SSReader 程序中，"全屏"命令通过"图书"菜单或者 F11 键访问。

像这样的不一致会使用户从一个程序转向另一个程序时有挫败感。同一个程序中的不一致就更糟糕。如果软件或者平台有一个标准，就要遵守它。如果没有，就要注意软件的特性，确保相似操作以相似的方式进行。在审查产品时想想以下几个基本术语：

（1）快速键和菜单选项。在语言信箱系统中，按 0 键，而不按其他数字，几乎总是代表接通某人的"拨出"按钮。在 Windows 中，按 F1 键总是得到帮助信息。

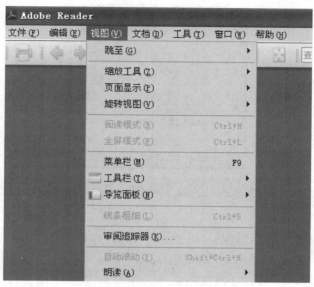

图 8-2　Adobe Reader 界面图

（2）术语和命令。整个软件使用同样的术语吗？特性命名一致吗？例如，Find 是否一直叫 Find，而不是有时叫 Search？

（3）听众。软件是否一直面向同一听众级别？带有花哨用户界面的趣味贺卡程序不应该显示泄露技术机密的错误提示信息。

（4）按钮位置和等价的按键。大家是否注意到对话框有 OK 按钮和 Cancel 按钮时，OK 按钮总是在上方或者左方，而 Cancel 按钮总是在下方或者右方？Cancel 按钮的等价按键通常是 Esc，而"选中"按钮的等价按钮通常是 Enter，应保持一致。

4. 灵活性

用户喜欢选择——不要太多，但是足以允许他们选择做什么和怎样做。Windows 中的"计算器"程序有两种视图（如图 8-3 所示）：标准型和科学型。用户可以决定用哪个来计算，或者喜欢用哪个，体现出其灵活性。

当然，灵活性可能发展为复杂性。在计算器例子中，两个视图就需要进行更多测试。灵活性对于测试的影响主要在于状态和数据。

（1）状态跳转。灵活的软件实现同一任务有多种选择和方式。结果是增加了通向软件各种状态的途径。状态转换图将变得更加复杂，软件测试员需要花费更多时间决定测试哪些相互连接的路径。

（2）状态终止和跳过。当软件具有用户非常熟悉的超级用户模式时，显然能够跳过众多提示或者窗口直接到达想去的地方。能够直接拨到公司电话分机的语音信箱就是一个例子。如果测试具有这种功能的软件，就需要保证在跳过所有中间状态或者提前终止时正确设置状态变量。

图 8-3　计算器界面图

（3）数据输入和输出。用户希望有多种输入数据和查看结果的方式。为了在"写字板"文档中插入文字时，可以用键盘输入、粘贴输入、从 6 种文件格式读入、作为对象插入，或者用鼠标从其他程序拖动输入。Microsoft Excel 电子表格程序允许用户以 14 种标准和 20 种自定义图形的形式查看数据。谁知道到底有多少可能的组合？测试进出软件的各种方式，将极大地增加工作量，使等价分配难以抉择。

5. 舒适性

软件应该用起来舒适，而不应该为用户工作制造障碍和困难。软件舒适性是讲究感觉的。研究人员设法找出软件舒适的正确公式，这是难以实现的理论，但是可以找到如何鉴别软件舒适性的一些好想法：

（1）恰当：软件外观和感觉应该与所做的工作和使用者相符。金融商业的应用程序不应该用绚丽的色彩和音效来表现狂放的风格。相反，太空游戏可以不管这些规则。软件对于想执行的任务不要夸张也不要太朴素。

（2）错误处理：程序应该在用户执行严重错误的操作之前提出警告，并且允许用户恢复由于错误操作导致丢失的数据。

（3）性能：快不见得是好事。不少程序的错误提示信息一闪而过，无法看清。如果操作缓慢，至少应该向用户反馈操作持续时间，并且显示它正在工作，没有停滞。例如可以使用进度条来表示文件的复制进度，如图 8-4 所示。

图 8-4　复制进度图

6. 正确性

舒适性要素公认是模糊的，要看怎么解释。然而，正确性却不然。测试正确性，就是测试 UI 是否做了该做的事。

比如一个流行的 Windows 页面扫描程序的消息框。该消息框在扫描开始时出现，旨在为用户提供中止扫描过程的方式。遗憾的是，这行不通。因为光标是一个沙漏。沙漏意味着软件正在忙，无法接受输入。那么，为什么还要有一个中止按钮呢？在整个扫描过程中尽可以单击中止按钮，也许会停顿几下，什么也不会发生。扫描完成之前不会中断。

此类正确性问题一般很明显，在测试产品说明书时可以发现。然而，以下情况要特别注意：

（1）市场定位偏差。有没有多余的或者遗漏的功能，或者某些功能执行了与市场宣传材料不符的操作？注意不是拿软件与说明书比较，而是与销售材料比较。这两者通常不一样。

（2）语言和拼写。程序员知道怎样只用计算机语言的关键字拼出句子，常能够制造一些非常有趣的用户信息。下面是来自一个流行电子商务网站的定单确认信息，希望读者在阅读时改正它：下列信息如有不符，请立即与我们联系，以确保及时得到预订的产品。

（3）不良媒体。媒体是软件 UI 包含的所有支持图标、图像、声音和视频。图标应该同样大，并且具有相同的调色板。声音应该都有相同的格式和采样率。正确的媒体从 UI 选择时应该显示出来。

（4）WYSIWYG（所见即所得）。保证 UI 所说的就是实际得到的。当单击 Save 按钮时，屏幕上的文档与存入磁盘的完全一样吗？从磁盘读出时，与文档相同吗？

7. 实用性

优秀用户界面的最后一个要素是实用性。实用性不是指软件本身是否实用，而仅指具体特性是否实用。在审查产品说明书、准备测试或者实际测试时，想一想看到的特性对软件是否具有实际价值。它们有助于用户执行软件设计的功能吗？如果认为它们没有必要，就要研究一下找出它们存在于软件中的原因。有可能存在没有想到的原因。

8.4.2　图形用户界面测试用例

用户界面测试主要是对界面的各个部件的单独检验，以及对界面的整体做静态测试。

用户界面有两个重要的组成部分：一是界面的外观，即给用户的印象，如界面的布局是否合理，以及颜色的使用、文字的选用、规格大小、文字的描述等，必须给人一种感官上的愉悦，让用户容易理解；二是界面与用户间的互动，即用户在使用软件时对软件反应的满意程度，如是否容易操作、容易找到技术支持的资料等。

对于界面外观的检测，应该属于静态测试范围。这类的检测实例可以用列表的方式，将软件各窗口（对网络类客户/服务器软件则是各网页）、各窗口中所含的各类菜单、菜单中的各项（包括它们的状态）、各种图符（icon）、表单（form）、链接（link）及各种按钮等进行测试。总之，应将用户界面上所有部件都列入表中不要有遗漏。

下面是一个图形用户界面测试的实例，图 8-5 是一个文字编辑软件的用户界面。

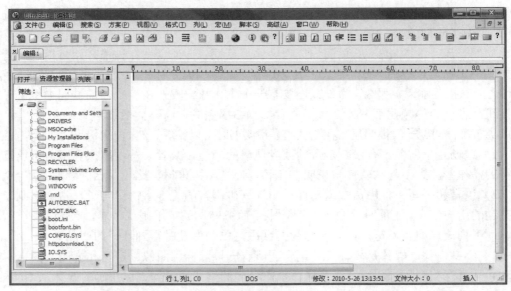

图 8-5　窗口软件的界面

这个用户界面很常见且具有代表性。其中包括下拉菜单、工具栏、树状文件夹、文字编辑窗口、竖向及横向滚动条等。这些都是一般窗口软件中最具有代表性的部件。再看图 8-6 中"文件"的下拉菜单。

在编写这个菜单的测试用例时，要对照规格说明书及设计说明书对这个菜单的描述检验上面的各项是否齐全，对应的热键（Hot Key）是否正确，默认值是否正确等。

图 8-7 中所示为菜单"高级"及其子菜单"个人模板"的内容。在编写测试用例时，也要把所有的子菜单包括进去。

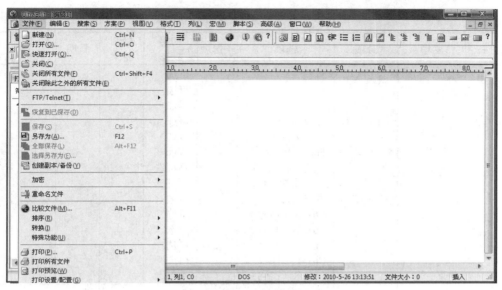

图 8-6　下拉菜单

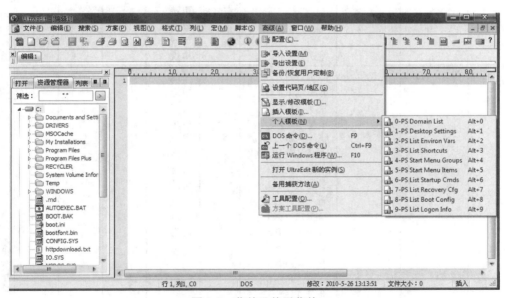

图 8-7　菜单及其子菜单

表 8-2 是 3 个下拉菜单的测试用例列表。这类测试大多只需目测（静态测试）。表中"初始状态"一栏，是指软件的默认值（或称内定值）。这类列表看起来很繁琐，但又是必要的，因为简单的东西和复杂的东西一样，都存在着出错的可能。对于可能出错的某一项，不做检测实在是不能放心。

表8-2 3个下拉菜单的测试用例列表

界面分布	主项	分项	选项	子选项	初始状态	检测结果	日期	测试人员	检测编号
主窗口下拉菜单	文件（F）	单击选项	新建（N）		可选				
			打开（O）		可选				
			关闭文档		可选				
			保存（S）		可选				
			另存为（A）		可选				
			打印（P）		可选				
			设置密码（R）		不可选				
			文档属性（D）		不可选				
			退出（X）		可选				
		键盘选项	Ctrl+N（新建）		可选				
			Ctrl+O（打开）		可选				
			Ctrl+S（保存）		可选				
			Ctrl+P（打印）		可选				
			Ctrl+R（密码）		不可选				
	邮件（M）		邮件格式	amx	可选				
				bmp	可选				
				gif	可选				
				jpg	已选				
				png	可选				
			发送（S）		可选				
	编辑（E）	单击选项	撤销（U）		可选				
			剪贴（T）		可选				
			复制（C）		可选				
			粘贴（V）		可选				
			删除（D）		已选				
			区域选择（S）		可选				
			全选（A）		可选				
			增加页（R）		可选				
			插入页（I）		可选				
			删除页（X）		可选				
			清空页（E）		可选				
			上一页（P）		可选				
			下一页（N）						
			首页（F）						
			末页（L）						
		键盘选项	Ctrl+Z（撤销）		可选				
			Ctrl+X（剪贴）		可选				
			Ctrl+C（复制）		可选				
			Ctrl+V（粘贴）		可选				
			Ctrl+D（删除）		可选				
			Ctrl+A（全选）		可选				

表 8-2 只列举了主窗口中的 3 个下拉菜单，就已经占据了整整一页纸。一个有许多复杂功能的、庞大的软件，光是这类的检测列表就一定很长，更不用说去执行检测了。这一类的检测虽然简单，但是很长又没有意思，而且不做也不行，大家不禁要问，有没有其他的办法？答案是肯定的，我们可以编写一些自动检测程序，让计算机代替我们做检测。这类自动检测的程序节省了很多测试时间和人力物力，而且每个新版本推出时都可以重新执行一次。如果界面的某一部分出错或出现了变化，那么自动检测程序马上就可以找出并详细报告。

8.5　用户文档测试

软件产品由大量工作和为数不少的非软件部分组成。非软件部分主要是文档。过去，软件文档最多是拷贝到软件安装盘中的 readme 文件，或者是塞进包装箱的一张小纸。现在软件文档变得越来越大，有时甚至需要投入比制造软件本身还要大的时间和精力。软件测试员通常不仅限于测试软件，还要负责组成整个软件产品的各个部分，保证文档的正确性也在职责范围之内。

文档测试包括对系统需求分析说明书、系统设计报告、用户手册以及与系统相关的一切文档、管理文件的审阅、评测。系统需求分析和系统设计说明书中的错误将直接带来程序的错误；而用户手册将随着软件产品交付用户使用，是产品的一部分，也将直接影响用户对系统的使用效果，所以任何文档的表述都应该清楚、准确。

文档测试时应该仔细阅读其文字。特别是用户手册，应完全根据提示操作，将执行结果与文档描述进行比较。不要做任何假设，而是应该耐心补充遗漏的内容，耐心更正错误的内容和表述不清楚的内容。表 8-3 列出了 HIS 相关文档的一些检查点。

表 8-3　HIS 相关文档的检查点

检查项目	检查点
文档面向	文档面向读者是否明确？ 文档内容与所对应的文档级别是否合适
术语	术语适合于读者吗？ 用法一致吗？ 使用首字母或其他缩写吗？ 是否标准？ 需要定义吗？ 公司的首字母缩写不能与术语完全相同。 所有术语可以正确索引或交叉引用吗
内容和主题	主题合适吗？ 有丢失的主题吗？ 有不应出现的主题吗？ 材料深度是否合适

续表

检查项目	检查点
正确性	文档所表述内容是否正确？ 与实际执行是否一致
准确性	文档所表述内容是否准确？ 表述是否清楚
真实性	所有信息真实并且技术正确吗？ 有过期的内容吗？ 有夸大的内容吗？ 检查目录、索引和章节引用 产品支持相关信息对/不对？ 产品版本对不对
图表和屏幕抓图	检查图表的准确度和精确度 图像来源和图像本身对吗？ 确保屏幕抓图不是来源于已经改变的预发行版。 图表标题对吗
样例和示例	模拟文档面向的读者那样使用样例。 如果是代码，输入或者复制并执行
拼写和语法	检查拼写和语法是否有误

本章小结

本章首先从软件易用性的概念出发，指出了软件易用性测试的重要性，然后由浅入深地指出易用性测试所包含的具体内容，包括安装测试、功能易用性测试、用户界面测试和文档测试等具体内容。对这些内容都做了详细而透彻的讲解，尤其是对用户界面测试还给出了具体的测试用例，帮助读者进一步理解和掌握这部分内容。

实训习题

练习 1. 请用表 8-1 对自己比较熟悉的一个软件产品进行安装测试，并记录下测试结果。

练习 2. 以 Windows 中的"计算器"软件为例（参见图 8-8），写出测试其"存储"、"取出存储"及"清除存储"的可能测试实例（提示：以"计算器"的"帮助"菜单对这几项功能的描述为依据）。

图 8-8 "计算器"的用户界面

附录

测试报告模板

软件测试报告

项目编号：＿＿＿＿＿＿＿＿＿＿＿＿　　项目名称：＿＿＿＿＿＿＿＿＿＿

任务编号/序号：＿＿＿＿＿＿＿＿　　工作名称：＿＿＿＿＿＿＿＿＿

程序（ID）：＿＿＿＿＿＿＿＿＿＿　　程序名称：＿＿＿＿＿＿＿＿＿

编程员：＿＿＿＿＿＿＿＿＿＿＿＿　　测试完成日期：＿＿＿年＿＿月＿＿日

测试工程师：＿＿＿＿＿＿＿＿＿＿　　测试完成日期：＿＿＿年＿＿月＿＿日

1. 安装：

	是	否
程序运行环境已经正确设定	☐	☐

2. 程序代码检查：

	是	否
（1）程序单位首部有程序说明和修改备注	☐	☐
（2）变量、过程、函数命令符合规则	☐	☐
（3）程序中有足够的说明信息	☐	☐
（4）修改注释符合要求	☐	☐
（5）类库的使用符合要求	☐	☐

3. 画面及报表格式检查：　　　　　　　　　　　　　　　　　　是　　　　否

  （1）画面和报表格式符合规定需求　　　　　　　　　　　　□　　　　□

  （2）程序命名符合格式需求　　　　　　　　　　　　　　　□　　　　□

  （3）画面和报表的字段位置和宽度与设计文档一致　　　　　□　　　　□

4. 功能测试：

  （1）多画面之间切换正确　　　　　　　　　　　　　　　　□　　　　□

  （2）功能键、触发键、按钮、菜单、选择项功能正确　　　　□　　　　□

  （3）数据项关联及限制功能正确　　　　　　　　　　　　　□　　　　□

  （4）设计文档规定的其他功能

  测试内容：＿＿＿＿＿＿＿＿＿＿＿＿＿　　　　　　　　　□　　　　□

5. 正确性测试：

  （1）读/写/删除操作结果正确　　　　　　　　　　　　　　□　　　　□

  （2）各种组合条件之查询或报表正确　　　　　　　　　　　□　　　　□

  （3）设计文档规定的其他操作

  测试内容：＿＿＿＿＿＿＿＿＿＿＿＿＿　　　　　　　　　□　　　　□

6. 可靠性测试：

  （1）非法键容错测试　　　　　　　　　　　　　　　　　　□　　　　□

  （2）异常字符容错测试　　　　　　　　　　　　　　　　　□　　　　□

  （3）程序负作用检查　　　　　　　　　　　　　　　　　　□　　　　□

  （4）残留文件检查　　　　　　　　　　　　　　　　　　　□　　　　□

7. 效率测试：

  单用户（机型）　　　　　　　　　　　　多用户（终端数）

  （1）输入画面效率测试：

  延迟时间：

  （2）报表及查询效率测试：

  最小报表时间：

  最大报表时间：

8. 多用户测试：

  终端数：

  （1）随机测试：

  测试次数：

  （2）共享测试：

  （3）同步测试：

9. 其他测试：

  测试内容：＿＿＿＿＿＿＿＿＿＿＿＿＿　　　　　　　　　□　　　　□

测试备忘：

参考文献

[1] 陈能技编著．QTP 自动化测试实践．北京：电子工业出版社，2008．

[2] 古乐，史九林编著．软件测试技术概论/软件测试系列．北京：清华大学出版社，2004．

[3] 张向宏．软件测试理论与实践教程．北京：人民邮电出版社，2009．

[4] [美] J.B.Rainsberger，Scott Stirling 编著．JUnit Recipes 中文版——程序员实用测试技巧．陈浩，王耀伟，李笑译．北京：电子工业出版社，2006．

[5] 王东刚编著．软件测试与 Junit 实践．北京：人民邮电出版社，2004．

[6] 柳胜编著．性能测试从零开始——LoadRunner 入门．北京：电子工业出版社，2008．

[7] 陈霁，牛霜霞，龚永鑫编著．性能测试进阶指南——LoadRunner 9.1 实战．北京：电子工业出版社，2009．

[8] [美] Joel Scambray，Mike Shema，Caleb Sima 著．黑客大曝光：Web 应用安全机密与解决方案．第 2 版．王炜，文苗，罗代升译．北京：电子工业出版社，2008．

[9] 刘德宝编著．Web 项目测试实战．北京：科学出版社，2009．

[10] 陈绍英，夏海涛，金成姬编著．Web 性能测试实战．北京：电子工业出版社，2006．

[11] 库波．软件测试技术．北京：中国水利水电出版社，2010．